主办 中国建设监理协会

中国建设监理与咨询

12

2016 / 5
总 第 1 2 期

CHINA CONSTRUCTION
MANAGEMENT and CONSULTING

中国建筑工业出版社

图书在版编目（CIP）数据

中国建设监理与咨询.12 / 中国建设监理协会主办 —北京：中国建筑工业出版社，2016.10
ISBN 978-7-112-20040-5

Ⅰ.①中… Ⅱ.①中… Ⅲ.①建筑工程—施工监理—研究—中国 Ⅳ.①TU712

中国版本图书馆CIP数据核字（2016）第251123号

责任编辑：费海玲　张幼平　焦　阳
责任校对：陈晶晶　焦　乐

中国建设监理与咨询　12

主办　中国建设监理协会

*

中国建筑工业出版社出版、发行（北京西郊百万庄）
各地新华书店、建筑书店经销
北京嘉泰利德公司制版
北京缤索印刷有限公司印刷

*

开本：880×1230毫米　1/16　印张：$7^1/_4$　字数：231千字
2016年10月第一版　2016年10月第一次印刷
定价：35.00元

ISBN 978-7-112-20040-5
（29494）

编辑部

地址：北京海淀区西四环北路 158 号
慧科大厦东区 10B

邮编：100142

电话：（010）68346832

传真：（010）68346832

E-mail：zgjsjlxh@163.com

12
2016 / 5
总第12期
CHINA CONSTRUCTION
MANAGEMENT and CONSULTING

中国建设监理与咨询

目录 CONTENTS

行业动态

政策法规

协会工作

本期焦点：创建鲁班奖工程经验分享

监理论坛

项目管理与咨询

创新与研究

人才培养

企业文化

《中国建设监理与咨询》编委会工作会议在西安召开

9月21日，《中国建设监理与咨询》编委会工作会议在西安唐城宾馆顺利召开，共有47位编委会委员参加会议，18家陕西省建设监理协会副会长、副秘书长单位列席会议。中国建设监理协会副会长、陕西省建设监理协会会长商科出席会议并致辞。会议分别由编委会执行副主任修璐和副主任李明安主持。

会议首先由陕西省建设监理协会会长商科致辞。商会长在致辞中对《中国建设监理与咨询》刊物的创办定位和特色给予了肯定，并对此刊物一直以来为宣传陕西监理行业作出的贡献表示感谢。同时表示陕西省建设监理协会将会一如既往地继续配合、支持《中国建设监理与咨询》刊物的创新发展，积极做好编委会赋予我们的编撰工作，使陕西的建设监理工作跟上全国创新发展的步伐。

随后，由中国建设监理协会副会长兼秘书长、《中国建设监理与咨询》编委会执行副主任修璐讲话，他强调，要充分发挥《中国建设监理与咨询》在行业中的地位，明晰定位，引入专业人员办好刊物，提升刊物在行业的影响力。中国建筑工业出版社副总编、《中国建设监理与咨询》编委会副主任王莉慧从专业角度对如何办好刊物提出了建议。最后，中国建设监理协会副会长王学军对杂志过去一年的工作进行了总结，并对下一步工作提出了要求和期许。会上，与会代表针对《中国建设监理与咨询》的办刊思路和质量提升，以及当下行业面对的热点问题充分展开了讨论并提出合理化的建议。

这次会议中，还对新增加的编委会委员颁发了聘书。

（何莉　提供）

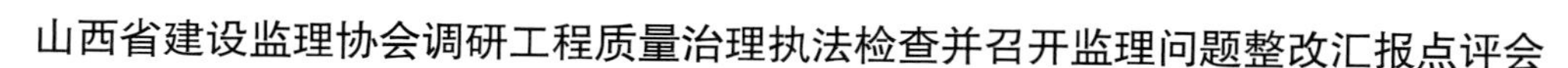

山西省建设监理协会调研工程质量治理执法检查并召开监理问题整改汇报点评会

8月23日，山西省建设监理协会就山西省住建厅6月开展的工程质量治理暨建筑施工安全生产执法检查中发现监理的问题召开整改汇报点评会。会议邀请厅安监总站史毅清总工、质监总站张敬中科长点评；受检存在问题的山西省15家监理企业和外省两企业负责人共30余人参加。协会唐桂莲会长、陈怀耀副会长、孟慧业副秘书长参加。

会议由孟慧业主持并简要介绍会议内容。部分企业负责人、总监分别就本次主管部门检查中存在的人员配备不足、未审查或未严格审查施工组织设计和专项施工方案、未督促施工单位对危险性较大的分部分项工程进行验收及隐患排查、监理资料不规范等问题的整改情况相继作了汇报。企业对存在的问题非常重视，将整改措施及落实情况及时上报。

厅安监总站史毅清总工围绕检查发现的问题并结合清华附中坍塌案例，就终审判决中有关监理的责任一条一条进行详细解析，要求企业一要汲取教训、守住底线、统一认识、主动工作，二要履职尽职、强化培训、精准监理，三要认清问题、加强整改、提高水平。特别提醒大家要认真深度学习《规范》、吃透《规范》、掌握《规范》、执行《规范》，一定要真正用《规范》标准贯穿监理全过程。全体与会人员得到了强化安全意识的精神洗礼和警钟长鸣的安全教育。

随后，质监总站张敬中科长针对在检查中发现的问题，就混凝土标养、钢筋制作和连接、施工现场资料、质量控制要求等方面提出了较为详细中肯的点评和建议。

最后，唐桂莲会长小结，一是对山西省住建厅两位专家百忙之中参加本次会议并作深刻的点评、指导和讲解表示感谢；二是希望企业深度整改、强化责任、提高素质、履职尽责；三是要求参会企业理解开会的初衷，绝不能认为是小题大做、无事生非。她强调，两年行动虽进入总结收官阶段，但质量治理的内容是监理永恒的话题，不能松懈，永在路上。

（郑丽丽　提供）

福建省装配式建筑监理业务第一期培训班在上海顺利举办

福建省装配式建筑监理业务第一期培训班于2016年8月9日至8月12日在上海顺利举办。本次上海之行由福建省住房和城乡建设厅工程建设管理处黄耿彩科长、福建省工程监理与项目管理协会理事长张际寿带队，共42人参加，其中共有监理企业24家，推荐36名总监参加培训。本次培训班得到了上海市建设工程咨询行业协会的鼎力支持。培训采用现场观摩、理论培训和讨论相结合的创新模式。

本次培训观摩学习了上海大名城唐镇D-03-05A地块项目部、宝业万华城项目部及参观装配式厂商上海浦砾珐住宅工业有限公司，使学员对装配式建筑有了较直观的了解。

在与上海部分监理企业就装配式建筑项目经验进行座谈时，经过兄弟企业介绍和PPT讲解，学员了解了装配式建筑监理要点和难点。在宝业集团副总工程师樊骅开展装配式建筑培训时，每位学员都认真听讲，课后积极提问，对装配式建筑施工过程中存在的一些技术难点和监理要点有了较充分的认识，为讨论修改《福建省装配式建筑监理导则》打下一定基础。

在讨论《福建省装配式建筑监理导则》过程中，每位学员都积极发言，并探讨应用导则模拟实施监理工作。

本次培训过程中，每位学员均准时出勤，认真学习，不断思考问题。培训结束后，每位学员都按时提交了培训总结，较好地完成了布置任务。大家均对培训组织工作评价良好。

（杨溢　提供）

中国建设监理协会机械分会三届五次理事会在山东滕州召开

2016年7月29日，中国建设监理协会机械分会三届五次理事会在山东滕州召开。中国建设监理协会机械分会会长李明安及各理事出席会议。

李明安会长通报了近期监理行业相关信息及分会2016年上半年工作情况，并对2016年下半年工作进行了安排。与会代表分别结合各单位的实际情况，就目前监理企业遇到的困境及应对措施等进行了深入的交流。

本次理事会圆满完成了各项会议议程，会议取得良好效果。

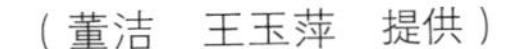
（董洁　王玉萍　提供）

河南省建设监理协会在洛阳召开三届四次常务理事会

8月19日，河南省建设监理协会在洛阳栾川召开了三届四次常务理事会。会议由陈海勤会长主持，38名常务理事参加了会议。会议听取了住建部《关于再次征求进一步推进工程监理行业改革发展的指导意见（征求意见稿）的函》的专家讨论意见，听取了诚信自律委员会和专家委员会工作情况的汇报。

会议通报了两起低价中标项目，并就如何有针对性地做好行业自律工作展开了热烈的讨论。会议认为：各监理企业应按照《河南省建设监理行业自律公约》的要求，规范市场行为，自觉抵制恶意低价的竞标行为，20强和骨干甲级监理单位应作好行业表率，构建高、中、低分层有序、良性循环的竞争格局。

会议要求，诚信自律委员会要积极作为，敢于亮剑，加强诚信自律体系和制度建设，制定明确的投标低价的判定标准，完善信息收集、约谈和稽查处理的流程，提高应对价格市场化后出现的非理性竞争突出问题的能力，通过行业共识和机制措施倡导并约束企业理性竞争，通过"优质优价、规范经营"提高监理服务质量工作水平。

会议呼吁，"优质优价、品质监理"是监理企业生存和发展的基石，低价竞争损害的不仅是行业的健康发展，还有监理企业自身的经营和积累，全行业应该抵制最高限价不合理的招标行为。希望在市场竞争中，各方主体在考虑长远利益上，将最高限价和投标价格稳定在合理的区间，追求双赢的结果。

会议强调，不健康的低价竞争行为，表面上看建设单位节约了成本，实际却是以牺牲服务质量和附加值为代价，既伤害了监理行业的健康发展，又伤害了建设单位自身的利益。河南省建设监理协会将直面低价竞争的突出问题，致力于打造公平竞争的监理市场环境，扭转低价中标、恶性竞争的不合理趋势。

113项工程建设标准规范制订修订征求意见

日前，住房城乡建设部标准定额司发布《2017年工程建设标准规范制订、修订计划（征求意见稿）》，要求各地和有关部门9月23日前反馈意见。

根据计划，2017年，共有113项工程建设标准规范进行制订和修订。其中，工程建设强制性（全文）国家标准29项、工程建设推荐性国家标准46项、工程建设推荐性行业标准6项、城建建工推荐性行业产品标准32项。在29项工程建设强制性（全文）国家标准中，27项主编部门为住房城乡建设部，其他两项分别为交通运输部和中国兵器工业集团公司。

前不久住房城乡建设部出台的深化工程建设标准化工作改革意见明确指出，改革强制性标准是任务之一，要求加快制订全文强制性标准，逐步用全文强制性标准取代现行标准中分散的强制性条文。业内人士认为，明年的制订修订计划是改革精神的一个重要体现。

（张菊桃收集　摘自《中国建设报》宗边）

中国钢结构协会工程管理与咨询分会一届一次会议圆满召开

中国钢结构协会工程管理与咨询分会（以下简称“分会”）一届一次会议于2016年9月10日至11日在上海召开。中国建设监理协会副会长王学军、中国钢结构协会常务副会长刘毅、上海市建设工程咨询行业协会副会长孙占国等领导，以及40余名会员代表出席会议。

会议总结了2015年度工作，讨论了《专家委员会管理办法》的制定实施，并对下一阶段的工作进行了部署。会上，王学军副会长、刘毅副会长、孙占国副会长对大会的胜利召开表示了衷心的祝贺。三位领导立足实际和与会代表们分享了在企业经营管理、人才培养储备等方面的经验做法，对分会的未来发展提出了殷切希望并致以衷心的祝福。

上海建科工程咨询有限公司、上海同济工程项目管理咨询有限公司、上海宝钢工程咨询有限公司、上海建设工程咨询有限公司，还分别围绕“以信息化助推大型咨询监理企业转型升级”“上海迪士尼乐园项目建设工程监理工作介绍”“浅析钢结构驻厂监造工作”“互联网+监理业务标准化的研究与实践”等主题，进行了交流发言。

本次会议的召开，将进一步凝聚中国工程管理与咨询行业的力量，促进钢结构工程管理与咨询行业的健康快速发展，助力中国钢结构事业迈向新的辉煌。

贵州省江苏省监理企业信息化管理及BIM技术应用经验交流会在贵阳召开

2016年8月30日，由贵州省建设监理协会和江苏省建设监理协会合作举办的监理企业信息化管理及BIM技术应用经验交流会在贵阳市贵州饭店会议中心举行。贵州省、江苏省监理企业共计140余人参加了本次会议，贵州省住房和城乡建设厅建筑业管理处李泽晖处长、中国建设监理协会陈贵副会长及两省建设监理协会的主要负责人出席了会议。会议由贵州省建设监理协会秘书长汤斌主持。

贵州省住房和城乡建设厅建筑业管理处李泽晖处长在会上作重要讲话。贵州省建设监理协会杨国华会长在开幕式上介绍了贵州省建设监理企业实施信息化管理和应用BIM技术的总体情况，并对贵州省监理企业进一步推行信息化管理、推动BIM技术的应用提出了要求。

贵州建工监理咨询有限公司、江苏建科建设监理公司、贵州三维工程建设监理咨询公司、中衡设计集团工程咨询公司、贵州电力建设监理公司、贵州省建筑设计研究院、贵州骅辉建设工程项目管理公司和扬州市建苑监理公司等8家单位分别在会议上交流了实施信息化管理或BIM技术应用的经验。

本次经验交流会内容翔实丰富，介绍简明扼要，为贵州省监理行业信息化管理水平的提升起到有力的促进作用。据悉，已有数家监理企业在会议期间初步决定要引进信息化管理系统，走上信息化管理的道路。

（高汝扬　提供）

中国建设监理协会“工程项目综合服务研究课题调研会议”在云南昆明胜利召开

7月21日，为期两天的“工程项目综合服务研究课题调研会议”在云南昆明胜利召开。本次会议由中国建设监理协会组织举办，中国建设监理协会副会长王学军、副秘书长温健、副会长孙占国、专家委员会副主任刘伊生以及来自北京、浙江、上海、湖南、安徽、宁波、深圳、云南等8个省市的课题专家和有关企业参加了会议。会议由中国建设监理协会副秘书长温健主持。云南省建设监理协会会长杨宇受邀出席会议并讲话。昆明建设咨询监理有限公司、云南城市建设工程咨询有限公司、云南世博建设监理有限责任公司等参加了会议并进行了经验交流。

本次调研会议的主要内容有：一、中国建设监理协会王学军副会长讲话；二、云南省建设监理协会杨宇会长介绍云南建设监理情况；三、具有工程项目一体化管理服务经验的监理企业负责人进行项目管理综合服务情况介绍；四、通报课题进展情况并研究部署下一步工作；五、修改“工程项目一体化管理服务”建议稿；六、现场参观由云南城市建设工程咨询有限公司负责管理服务的在建项目——云南省食品药品监督局检测试验中心综合楼。

本次调研活动的开展，为下一步“工程项目综合服务研究课题调研”打下了基础，达到了预期的目的。

（宋丽　提供）

“监理规程”心中有　知识竞赛显身手

8月26日上午，天津市建设监理协会新版《天津市建设工程监理规程》知识竞赛决赛在天津大学天财四楼会议室举行。协会理事长周崇浩，副理事长霍斌兴、赵维涛、王树敏、李学忠，监事会成员庄洪亮、陈召忠及行业专家出席比赛。

为扎实推进天津市新版《天津市建设工程监理规程》（DB/T 29-131-2015）的宣贯工作，推动天津市监理执业人员专业知识水平的提高，掀起全行业学习新版监理规程的热潮，按照协会全年的工作计划，举办新“监理规程”知识竞赛活动，得到全市监理企业执业人员的积极响应。

经过预赛、复赛的激烈角逐，来自建设监理公司、电力监理公司、方正园林监理公司、园林监理公司、建研监理公司、国际监理公司6个企业代表队脱颖而出，进入决赛。在决赛中，18名选手以扎实的理论知识水平和昂扬向上的精神状态，充分展示了全市监理行业学习新版规程的成果。经过必答题、抢答题、风险题及专家提问四轮精彩角逐，建设监理公司代表队夺得第一名，园林监理公司和国际监理公司代表队夺得第二名，方正园林监理公司、电力监理公司、建研监理公司代表队夺得第三名。

两个小时知识与才智的激烈比拼，各个参赛代表队都赛出了水平，赛出了风格，充分展现监理行业执业人员的风采，增设了参加活动的监理执业人员现场互动环节，在感受现场热烈的答题氛围的同时，真正参与到答题环节中去，增强全行业参与度，以比促学，以学促能，以能促用，将参赛选手为榜样，落实好新版规程的宣贯工作。

本次知识竞赛活动的圆满举办，得到了各监理企业的大力支持，建华监理公司、华泰监理公司、辰达监理公司、华盾监理公司获得优秀组织奖，150余名执业人员的积极参与竞赛活动，为天津市监理行业营造了良好的新版规程知识学习氛围，全面提高了天津市监理执业人员对新规程的掌握程度，切实发挥了监理人员作用，保障工程质量，为监理行业健康快速发展提供了支持保障。

（张帅　提供）

武汉建设监理协会爱心捐助武汉市江夏区法泗桥头小学

9月6日上午，武汉建设监理行业2016年抗洪救灾暨爱心捐赠仪式在江夏区法泗桥头小学（该校是江夏区最大的一所留守儿童寄宿学校）举行。市、区、街各级领导和捐款企业代表出席仪式。

仪式上，桥头小学校长谢小华详细介绍了桥头小学的基本情况和2016年因暴雨受灾后学校所面临的困境，特别是对武汉建设监理行业在此次爱心捐赠中的雪中送炭行动表示了衷心感谢。

武汉建设监理协会会长在仪式上发表讲话，表示在社会公益的“心路”旅途上，武汉建设监理行业富有拳拳的爱心，爱心捐助虽然很微薄，但实实在在地体现了武汉监理人的社会责任和担当，展示了武汉监理人积极投身社会公益事业的热情，彰显了武汉监理人扶危济困的行业情怀。

江夏区区委常委、宣传部部长向卉珍女士对武汉建设监理协会的爱心义举和关爱留守儿童健康成长的举措给予了充分肯定，对武汉建设监理协会为江夏区文化建设作出的贡献表示感谢。她希望学校全体师生认真体会这份关爱之心，在今后的学习和生活中，以满腔的热忱来回报社会，把爱心接力传递下去。

在当天的爱心捐赠仪式上，桥头小学接受了协会捐赠的25万元现金支票及各类爱心物资，武汉建设监理行业捐款企业负责人也向学校特困生代表现场捐赠了资助款，学生代表也为他们系上红领巾以表达崇高的敬意。市慈善总会、桥头小学领导向参与此次捐赠活动的行业协会及25家爱心监理企业的代表回赠了锦旗。

大灾面前有大爱，在天灾面前，武汉监理人用自己的行动践行了社会主义核心价值观，用博爱的胸怀抒写了世间的真情。

（陈凌云　提供）

住房城乡建设部关于修改《勘察设计注册工程师管理规定》等11个部门规章的决定（节选）

中华人民共和国住房和城乡建设部令第32号

《住房城乡建设部关于修改〈勘察设计注册工程师管理规定〉等 11 个部门规章的决定》已经住房城乡建设部第 23 次常务会议审议通过，现予发布，自 2016 年 10 月 20 日起施行。

住房城乡建设部部长　陈政高

2016 年 9 月 13 日

住房城乡建设部关于修改《勘察设计注册工程师管理规定》等 11 个部门规章的决定（节选）

为了依法推进行政审批制度改革，住房城乡建设部决定：

……

二、将《注册监理工程师管理规定》（建设部令第 147 号）第四条第一款中的“建设主管部门”修改为“住房城乡建设主管部门”。其余条款依此修改。

将第七条修改为：“取得资格证书的人员申请注册，由国务院住房城乡建设主管部门审批。”

“取得资格证书并受聘于一个建设工程勘察、设计、施工、监理、招标代理、造价咨询等单位的人员，应当通过聘用单位提出注册申请，并可以向单位工商注册所在地的省、自治区、直辖市人民政府住房城乡建设主管部门提交申请材料；省、自治区、直辖市人民政府住房城乡建设主管部门收到申请材料后，应当在 5 日内将全部申请材料报审批部门。”

将第八条修改为：“国务院住房城乡建设主管部门在收到申请材料后，应当依法作出是否受理的决定，并出具凭证；申请材料不齐全或者不符合法定形式的，应当在 5 日内一次性告知申请人需要补正的全部内容。逾期不告知的，自收到申请材料之日起即为受理。”

“对申请初始注册的，国务院住房城乡建设主管部门应当自受理申请之日起 20 日内审批完毕并作出书面决定。自作出决定之日起 10 日内公告审批结果。”

“对申请变更注册、延续注册的，国务院住房城乡建设主管部门应当自受理申请之日起 10 日内审批完毕并作出书面决定。”

“符合条件的，由国务院住房城乡建设主管部门核发注册证书，并核定执业印章编号。对不予批准的，应当说明理由，并告知申请人享有依法申请行政复议或者提起行政诉讼的权利。”

……

八、将《工程监理企业资质管理规定》（建设部令第 158 号）第四条第一款中的“建设主管部门”修改为“住房城乡建设主管部门”。其余条款依此修改。

将第九条修改为：“申请综合资质、专业甲级资质的，可以向企业工商注册所在地的省、自治区、直辖市人民政府住房城乡建设主管部门提交申请材料。”

“省、自治区、直辖市人民政府住房城乡建设主管部门收到申请材料后，应当在 5 日内将全部申请材料报审批部门。”

“国务院住房城乡建设主管部门在收到申请材料后，应当依法作出是否受理的决定，并出具凭证；申请材料不齐全或者不符合法定形式的，应当在 5 日内一次性告知申请人需要补正的全部内容。逾期不告知的，自收到申请材料之日起即为受理。”

“国务院住房城乡建设主管部门应当自受理之日起 20 日内作出审批决定。自作出决定之日起 10 日内公告审批结果。其中，涉及铁路、交通、水利、通信、民航等专业工程监理资质的，由国务院住房城乡建设主管部门送国务院有关部门审核。国务院有关部门应当在 15 日内审核完毕，并将审核意见报国务院住房城乡建设主管部门。”

“组织专家评审所需时间不计算在上述时限内，但应当明确告知申请人。”

本决定自 2016 年 10 月 20 日起施行。以上部门规章根据本决定作相应的修正。

2016年9月开始实施的工程建设标准

序号	标准编号	标准名称	发布日期	实施日期
1	CJJ/T 244-2016	城镇给水管道非开挖修复更新工程技术规程	2016-3-14	2016-9-1
2	JGJ 369-2016	预应力混凝土结构设计规范	2016-3-14	2016-9-1
3	JGJ 92-2016	无粘结预应力混凝土结构技术规程	2016-3-14	2016-9-1
4	CJJ/T 214-2016	生活垃圾填埋场防渗土工膜渗漏破损探测技术规程	2016-3-14	2016-9-1
5	CJJ/T 243-2016	城镇污水处理厂臭气处理技术规程	2016-3-14	2016-9-1
6	CJJ/T 245-2016	住宅生活排水系统立管排水能力测试标准	2016-3-14	2016-9-1

2016年10月开始实施的工程建设标准

序号	标准编号	标准名称	发布日期	实施日期
1	JGJ/T 314-2016	建筑工程施工职业技能标准	2016-6-1	2016-10-1
2	JGJ/T 306-2016	建筑工程安装职业技能标准	2016-6-1	2016-10-1
3	JGJ/T 315-2016	建筑装饰装修职业技能标准	2016-6-1	2016-10-1
4	CJJ/T 225-2016	城镇供水行业职业技能标准	2016-3-23	2016-10-1
5	CJJ/T 237-2016	园林行业职业技能标准	2016-3-23	2016-10-1

关于表扬2014~2015年度鲁班奖工程项目监理企业及总监理工程师的决定

中建监协［2016］46号

各省、自治区、直辖市及有关城市建设监理协会、有关行业建设监理协会（分会、专业委员会），各荣获表扬的监理企业及总监理工程师：

为深入开展工程质量治理两年行动，贯彻落实总监理工程师质量安全六项规定，鼓励广大监理企业和监理工程师争创一流工程，切实推动我国工程质量水平的稳步提高，中国建设监理协会决定在会员范围内，对2014~2015年度鲁班奖工程项目监理企业及总监理工程师进行表扬。希望此次荣获表扬的监理企业及总监理工程师再接再厉，精益求精，不断增强开拓创新能力，在新的时期再创精品工程。希望广大会员企业和监理工程师积极参加到争先创优的活动中来，学习先进，赶超先进，为提高我国工程质量水平作出更大的贡献。

附件：2014~2015年度鲁班奖工程项目监理企业及总监理工程师的决定

中国建设监理协会

2016年7月5日

附件：

2014~2015年度鲁班奖工程项目监理企业及总监理工程师名单

（排名不分先后）

序号	监理单位	总监	工程名称
1	北京银建建设工程管理有限公司	曹阳	复内危改小区4-2号地项目
2	北京国金管理咨询有限公司	张大吉	辽宁省文化场馆（辽宁省科技馆、辽宁省博物馆）
		于贵春	天津医科大学空港国际医院一期工程
3	华铁工程咨询有限责任公司	林勇	新建铁路大同至西安铁路客运专线第11合同段晋陕黄河特大桥
4	中咨工程建设监理公司	耿林	鄂尔多斯市体育中心
		沈利	深圳市滨海医院
5	中船重工海鑫工程管理（北京）有限公司	栾继强	行政办公（综合办公业务楼）

续表

序号	监理单位	总监	工程名称
6	北京逸群工程咨询有限公司	罗景伟	徐州市三环东路高架快速路工程
7	北京建工京精大房工程建设监理公司	张京晖	学研中心（教学用房）
			酒店及配套设施（北京凯莱大酒店改扩建项目）
8	铁科院（北京）工程咨询有限公司	牛旭升	沈阳四环快速路新建工程
9	北京双圆工程咨询监理有限公司	潜宇维	北京雁栖湖国际会都（核心岛）会议中心、精品酒店工程
10	北京华城建设监理有限责任公司	李立场	天津滨海国际机场二期扩建工程T2航站楼
11	建研凯勃建设工程咨询有限公司	李鲁忠	中国石油科研成果转化基地项目
12	泛华建设集团有限公司	李仕英	海军总医院内科医疗楼工程
13	北京北咨工程管理有限公司	李卫	北京爱慕内衣生产建设项目厂房
		王涛	拉萨市群众文化体育中心
14	北京兴油工程项目管理有限公司	张敬杰	中国石油科研成果转化基地项目
15	中外天利（北京）工程管理咨询有限公司	路传华	天津市滨海新区中央大道海河隧道工程
16	京兴国际工程管理有限公司	杨火生	昆明新机场航站区工程
17	北京希达建设监理有限责任公司	孙日平	昆明新机场航站区工程
18	北京京龙工程项目管理公司	王寅杰	北京汽车产业研发基地用房工程
		孙国志	拉萨市群众文化体育中心
19	天津市建设工程监理公司	刘景雨	泰安道四号院工程
		滑建美	天津图书馆
		郭家云	天津市胸科医院迁址新建工程门急诊住院综合楼
		赵纲	民园广场（民园体育场保护利用提升改造工程）
20	天津国际工程建设监理公司	柴福云	新建天津市第二儿童医院项目
21	天津市成套设备工程监理有限公司	李秀华	天津市滨海新区中央大道海河隧道工程
22	沧州市宏业工程建设监理有限公司	付鹏举	沧州市博物馆工程
23	河北三元建设监理有限责任公司	魏延平	泰盛商务大厦及附属工程
24	保定市科信工程项目管理有限公司	周彦利	保定市生态园工程
25	太原理工大成工程有限公司	王秀娟	太原并州饭店改扩建工程
26	山西省建设监理有限公司	张志峰	山西省图书馆工程
27	山西天地衡建设工程项目管理有限公司	霍建忠	临汾新医院门急诊、医技、住院楼
28	山西安宇建设监理有限公司	赵国成	山西马堡煤业封闭式储煤场
29	内蒙古益泰项目管理有限公司	陶健军	鄂尔多斯医院
30	内蒙古万和工程项目管理有限责任公司	尚志勇	内蒙古科技馆新馆
		高瑞军	内蒙古广播影视数字传媒中心
31	内蒙古金鹏建设监理有限公司	尹志江	赤峰学院附属医院内科病房楼
32	内蒙古瑞博工程项目管理咨询有限公司	朱亮	鄂尔多斯市体育中心工程
33	内蒙古承兴建设监理有限责任公司		乌兰察布市中心医院门诊楼
34	大连泛华工程建设监理有限公司	刘文	大连国际会议中心
35	上海市市政工程管理咨询有限公司	朱建华	上海市污水治理白龙港片区南线输送干线完善工程
36	上海宏波工程咨询管理有限公司	胡素冰	上海市污水治理白龙港片区南线输送干线完善工程
37	上海建科工程项目管理有限公司	刘格春	中国金融信息大厦
38	上海同济工程项目管理咨询有限公司	杜家桢	太原湖滨广场综合项目

续表

序号	监理单位	总监	工程名称
39	上海建科工程咨询有限公司	于向军	昆山文化艺术中心一期工程
		俞建屏	珠海十字门会展商务组团一期国际展览中心工程
		张云鹤	国家会展中心（上海）A1/B1/C1/D1展厅及主入口工程
		孙亚龙	上海保利大剧院
		王振生	郑州市京广快速路工程
		张红涛	绿地广场（郑州会展宾馆）
40	上海市建设工程监理咨询有限公司	朱晓滨	郑州市京广快速路工程
		欧阳光辉	中华企业大厦
			昆明新机场航站区工程J–1合同段
		于曙江	中国商飞客户支援中心和技术交流中心工程
		刘延立	苏河湾一街坊项目T3楼
41	英泰克工程顾问（上海）有限公司	黄豪	上海市污水治理白龙港片区南线输送干线完善工程
		邹俊涛	兖州市兴隆文化园体验楼工程
42	上海斯美科汇建设工程咨询有限公司	纪永祥	徐州市三环东路高架快速路建设工程
43	上海振华工程咨询有限公司	熊楠	展讯中心二期
44	上海新宇工程建设监理有限公司	何奋明	森兰国际大厦
45	上海同济工程咨询有限公司	李东升	中国商飞客户支援中心和技术交流中心工程
			兖州市兴隆文化园
46	上海城建工程建设监理有限公司	孙启才	上海市污水治理白龙港片区南线输送干线完善工程
47	上海天佑工程咨询有限公司	周文杰	上海自然博物馆（上海科技馆分馆）
48	山东省建设监理咨询有限公司	徐建胜	济南工程职业技术学院教学楼
49	山东恒信建设监理有限公司	郭戈	济南市清雅居公共租赁住房项目
50	青岛信达工程管理有限公司	魏继宏	济南市清雅居公共租赁住房项目
51	山东众成建设项目管理有限公司	尹永友	济南市清雅居公共租赁住房项目
52	山东新昌隆建设咨询有限公司	王志勇	济南市清雅居公共租赁住房项目
53	山东省工程监理咨询有限公司	徐新	济南市第三人民医院综合病房楼
		苏伟	省会文化艺术中心(大剧院)工程
54	山东三强建设咨询有限公司	苏福生	济南市应急指挥平台、市反恐指挥中心、市公安指挥中心大楼
55	山东建院工程监理咨询有限公司	周涛	中共德州市委党校新校建设项目
		朱继阳	浪潮科技园S01科研楼
56	青岛华鹏工程咨询集团有限公司	宋武	青岛市重庆路快速路工程
		楼翔	寿光市人民医院门诊综合楼
		朱增录	2014青岛世界园艺博览会
57	青岛市政监理咨询有限公司	姜希飞、杜洪俊、吴洪伟、杨峰、张连江	2014青岛世界园艺博览会
		张言虎	青岛胶州湾隧道及接线工程
			青岛市重庆路快速路工程
58	青岛高园建设咨询管理有限公司	高延和	2014青岛世界园艺博览会
		于百全	青岛经济技术开发区全民健身中心
		王爱宏	青岛市重庆路快速路工程

续表

序号	监理单位	总监	工程名称
59	青岛恩地建设工程咨询有限公司	夏科峰	青岛市重庆路快速路工程
60	青岛万通建设监理有限责任公司	叶海	麦岛居住区改造工程F区住宅二标段
61	泰安瑞兴工程咨询有限公司	王利民	新泰市人民医院医疗综合楼
62	山东省三益工程建设监理有限公司	任广印	兖州市兴隆文化园
63	江苏建科建设监理有限公司	秦玉银	省特种设备安全监督检验与操作培训实验基地
		曹春阳	东南大学教学医疗综合大楼
		陈先跃	鼓楼医院南扩工程
		申红俊	苏州移动分公司工业园区新综合大楼工程
		孔海峰	中银国际金融大厦（中银大厦）
64	江苏四方建设项目管理有限公司	郭瑞莲	江阴广播电视中心扩建改造工程
65	南京方圆建设工程管理咨询有限公司	郁崴	雨花台区西善桥岱山西侧B地块经济适用住房项目8号地块一标段5#，6#楼
66	扬州市建苑工程监理有限责任公司	鲍宗凯	扬州文化艺术中心工程
		周文忠	南京上坊北侧地块经济适用房项目6-01、03、04、05栋及4号中心地下车库工程
67	苏州市路达工程监理咨询有限公司	王军	昆山市中环快速化改造工程
68	南通中房工程建设监理有限公司	陈风华	中洋公寓1号楼工程
		王枢中	中洋公寓2-5号楼、地下室工程
69	江苏省华厦工程项目管理有限公司	韩平	金陵饭店扩建工程
70	黄山市建设监理有限公司	张志勇	安徽歙县徽州府衙修复工程
71	浙江五洲工程项目管理有限公司	黄思红	鄂尔多斯医院
		曹辉	鄂尔多斯市体育中心工程（游泳馆工程）
		节连斌	绍兴市科技文化中心工程
72	浙江华诚工程管理有限公司	沈宝贵	绍兴市科技文化中心工程
		黄赵侃	浙江农林大学天目学院新建工程一期（IV标）
73	杭州市建筑工程监理有限公司	孙宏良	台州市恩泽医疗中心一期医疗大楼
74	浙江江南工程管理股份有限公司	曹冬兵	辽宁省文化场馆（辽宁省科技馆，辽宁省博物馆）
		费双波	苏州独墅湖高等教育区教育发展大厦
		鲍伟健	新建杭州东站扩建工程站房及相关工程（站房工程）
		肖建林	国际养生度假中心产权式酒店2#栋
		吴小富	鄂尔多斯市体育中心工程
		王义泉	沈阳文化艺术中心
		杨甲祥	通州区市民中心
74	浙江江南工程管理股份有限公司	潘星星	绍兴县体育中心
		陈劲松	深圳南山文体中心
		胡新赞、徐忠英	三亚海棠湾国际购物中心（一期）
75	浙江建银项目管理咨询有限公司	张国骏	温岭市建筑业1#大厦
76	宁波国际投资咨询有限公司	邱国发	宁波文化广场1V标段
77	温州市建设监理有限公司	胡一政	温州国际会展中心三期展馆工程
78	江西中昌工程咨询监理有限公司	黄立新	南昌印钞厂印钞厂房
79	江西省建设监理有限公司	熊科文	赣州银行金融大厦

续表

序号	监理单位	总监	工程名称
80	南昌市建筑技术咨询监理有限公司	熊彬	南昌市洪都中医院新院（一期）建设工程
81	福建新时代项目管理有限公司	曾国新	福建成功国际会展中心工程
		黄跃明	惠安建筑业发展中心1号、2号办公楼及地下室工程
82	福建省泉州建研工程建设监理有限公司	陈景滢	泉州市中医联合医院医疗主楼
83	洛阳金诚建设监理有限公司	陈仲祖	河南中孚实业30万吨高性能特种铝材项目热轧车间工程
84	郑州中兴工程监理有限公司	段晓军	郑州市京广快速路工程
85	河南建达工程建设监理公司	李彪	郑州市京广快速路工程
86	郑州市豫通市政公用工程监理有限公司	张永福	郑州市京广快速路工程
		梁奇	郑州市京广快速路工程
87	河南宏业建设管理有限公司	邓凯	郑州市京广快速路工程
88	河南长城铁路工程建设咨询有限公司	盛连伟	郑州市京广快速路工程
89	河南高建工程管理有限公司	高建学	郑州黄河公铁两用桥工程（QL-1标）
90	河南兴平工程管理有限公司	于俊生	工人劳模小区（安泰小区）5号、6号楼
91	河南新恒丰建设监理有限公司	杨付春	安阳市市民之家工程
92	武汉桥梁建筑工程监理有限公司	朱治宝	舟山大陆连岛工程西堠门大桥
93	武汉星宇建设工程监理有限公司	萨鹰	武钢冷轧镀锡板生产线工程
94	武汉中建工程管理有限公司	王磊	万科城四期L栋及地下室
95	北京东方华太建设监理有限公司	肖洪钧	武汉国际博览中心会议中心总承包工程
96	武汉方正工程建设项目管理有限公司	夏发建	武汉东湖国家自主创新示范区公共服务中心
97	武汉华胜工程建设科技有限公司	周玉锋	华中科技大学同济医学院附属协和医院门诊医技大楼
98	湖南长顺项目管理有限公司	黄勇	创业基地2号软件研发楼及南区地下室
99	湖南湖大建设监理有限公司	邓为民	柳州市柳铁中心医院1号住院大楼
		孙山河	好莱城（1~4栋及地下室）
100	湖南天鉴工程项目管理有限公司	涂智慧	顺天国际金融中心
101	衡阳市建设工程监理有限公司	欧阳烨	郴州市国际会展中心
102	常德市旺城建设监理有限公司	贺茂才	常德市天济广场酒店工程
103	湖南雁城建设咨询有限公司	张劲松	高科总部壹号一期工程施工监理
104	长沙市城规工程建设监理有限公司	王启仁	长沙公共资源交易中心建设项目
105	中海监理有限公司	张玉民	中洲华府
106	深圳市龙城建设监理有限公司	邹怀斌	南宁民歌广场综合改造工程
107	深圳市大众工程管理有限公司	陈慧群	深圳实验承翰学校高中部
108	深圳市恒浩建工程项目管理有限公司	吴勇	高新西产业配套宿舍工程
109	深圳市特发工程建设监理有限公司	陈权	深圳市滨海医院
110	广州市恒茂建设监理有限公司	彭向东	广晟国际大厦
111	广东顺业石油化工建设监理有限公司	冯华	路博润添加剂（珠海）有限公司一期、二期润滑油添加剂项目
112	广东华工工程建设监理有限公司	叶宝庭	3幢22层设计住宅楼工程（自命名金马广场三期A1~A3栋）和1幢6层设计公建配套楼工程（A4栋）
113	广州市广州工程建设监理有限公司	林伟鸿	福州海峡奥林匹克体育中心（体育场、游泳馆、体育馆、网球馆）
114	广东重工建设监理有限公司	吕明	太古汇商业、酒店、办公楼工程
115	广东虎门技术咨询有限公司		福州至银川高速公路九江长江公路大桥项目

续表

序号	监理单位	总监	工程名称
116	广西中信恒泰工程顾问有限公司	卢明光	南宁瀚林美筑
117	广西鼎策工程顾问有限责任公司	胡国祥	南宁民歌广场综合改造工程
118	重庆赛迪工程咨询有限公司	刘克斌	重庆国际博览中心
119	重庆天骄监理有限公司	姚永光	中冶建工集团设计研发大厦(主楼)
120	重庆林鸥监理咨询有限公司	李国荣	重庆大学虎溪校区理科大楼
121	成都西南交大工程建设咨询监理有限责任公司	吴天国	观湖国际社区8~11栋及地下室
122	四川元丰建设项目管理有限公司	彭健	四川省人民医院川港康复科技综合大楼
123	四川省中冶建设工程监理有限责任公司	秦海萍	成都来福士广场T2、T3及地下室工程
124	贵州国龙管理咨询有限公司	樊晓年	贵州财经学院花溪新校区建设工程图书馆工程
125	西安高新建设监理有限责任公司	刘应辉	西部飞机维修基地创新服务中心（航投大厦）
126	陕西林华建设工程项目管理集团有限公司	孙永怀	南宫山大酒店工程
127	陕西省工程监理有限责任公司	贺斌	西北妇女儿童医院门诊医技住院医疗综合楼工程
128	陕西安康市长达工程监理有限公司	马金山	安康博物馆工程
129	陕西信远建设项目管理集团有限公司	党小荣	博思格建筑系统（西安）有限公司新建厂房工程
130	陕西建筑工程建设监理公司	韦琳	陕西宾馆扩建18#楼和大会堂配套项目部分工程
131	宝鸡市鼎一建设项目管理有限责任公司	袁克良	经二路办公住宅楼
132	甘肃同兴工程项目管理咨询有限公司	王利峰	红色南梁革命纪念园工程
133	甘肃陇原工程建设监理有限责任公司	杨增文	红色南梁革命纪念园工程
134	甘肃工程建设监理公司	叶习哲	甘肃会展中心建筑群项目五星级酒店工程
135	宁夏五环建设咨询监理有限公司	沈建鹏	宁夏贺兰山体育场工程（全民健身体育运动中心）
136	新疆卓越工程项目管理有限公司	陈德宇	新疆维吾尔自治区人民医院门诊、病房综合楼
137	新疆昆仑工程监理有限责任公司	张福民	特变电工科技研发中心
138	广东创成建设监理咨询有限公司	沈海涛	大唐绍兴江滨天然气热电联产工程
		谈华良	500kV纵江（东纵）变电站工程
139	四川电力工程建设监理有限责任公司	张涛	江苏溧阳500kV变电站新建工程
140	河南立新监理咨询有限公司	刘志国	濮阳东500kV变电站工程
141	山西锦通工程项目管理咨询有限公司	王平	榆次北（福瑞）500kV变电站工程
142	云南电力建设监理咨询有限责任公司	石燚	500kV建塘变电站工程
143	浙江电力建设监理有限公司	许桢	萧山供电电力调度大楼工程
		王先明	安徽凤台电厂二期扩建工程
144	西安铁一院工程咨询监理有限责任公司	毛建安	新建向莆铁路青云山隧道
145	郑州中原铁道建设工程监理有限公司	宰建勋	郑州东站工程
		崔天宝	郑州黄河公铁两用桥工程（QL-1标）
146	山西煤炭建设监理咨询公司	王应权	同煤集团同忻矿井建设工程
147	安徽国汉建设监理咨询有限公司	陶新双、曾兆钟、张志建	安徽金安矿业有限公司草楼铁矿300万吨/年扩建工程
148	北京远达国际工程管理咨询有限公司	莫成杰	深圳证券交易所营运中心
149	总装备部工程建设监理部	屠晓泉	多功能结冰风洞工程
150	北京五环国际工程管理有限公司	陈跃权	芜湖卷烟厂“都宝”卷烟生产线技术改造项目制丝工房及综合库工程

本期焦点

创建鲁班奖工程经验分享

2014~2015 年度中国建设工程鲁班奖（国家优质工程）经中国建筑业协会组织评审，共有 200 项工程获得鲁班奖。

鲁班奖是我国建筑工程质量的最高荣誉奖。在创建鲁班奖工程活动中，工程监理企业付出了艰苦的努力，作出了重要贡献。经验可以指引我们继续前进，并以此为新的起点，力争创造更加优异的成绩。

本期编辑刊登了部分参与创优的监理企业和总监理工程师的经验成果供广大企业和监理人员学习和参考，希望有更多的企业参加到争先创优的活动中来，争做行业楷模，为促进我国工程质量水平的提高作出新的更大的贡献。

鲁班奖申报攻略

浙江江南工程管理股份有限公司　李冬

摘　要： 鲁班奖申报与评审事关工程全局，需要早日确定目标，明确申报主体。施工前做好统筹策划，施工期间严格执行相关标准、规范，竣工后制定严密健全申报组织机构。鲁班奖评审要求工程是优中选优，要求做到精细化管理，不仅工程质量上乘，内业资料也要求严密规范。鲁班奖申报需业主重视，总承包单位积极，全体参建单位配合方能顺利通过。

关键词： 鲁班奖　申报　攻略

鲁班奖，建筑界的奥斯卡，其标志“小金人”是无数建筑从业人员仰慕的至高荣誉，终生的追求。但毕竟鲁班奖处在建筑业各类奖项的金字塔尖，绝大多数建筑业企业及从业人员难得一遇。这个奖项大多被业内顶尖单位收入囊中。浙江江南工程管理股份有限公司便是获奖大户，累计获得鲁班奖等国家级奖项100余项，2014~2015年度更是一举拿下十座鲁班奖奖杯，一度震惊建筑界！

这里以浙江江南工程管理股份有限公司2015年鲁班奖获奖项目沈阳文化艺术中心为例，阐述鲁班奖申报攻略。因鲁班奖评审有现行执行标准《中国建设工程鲁班奖（国家优质工程）评选办法（2013年修订）》，凡标准上明示的内容如建筑规模、建筑类别划分、详细申报条件等不再赘述。

沈阳文化艺术中心，占地面积65143m^2，建筑面积85509m^2，包括1800座综合剧场，1200座音乐厅，500座多功能厅。开工时间2010年6月，竣工时间2014年6月。工程审定总投资14.5亿元，获得2015年度鲁班奖。

一、早立目标

凡事预则立，不预则废。鲁班奖申报也要遵循这个道理。当项目经批复确定规模、功能及投资标准后，作为建设单位主观上要评估是否有申报鲁班奖意愿，是否愿意为申报鲁班奖增加投入；客观上评价项目是否符合鲁班奖申报标准，横向与当地同期建设重大项目对比是否具有申报优势。

经综合评估确定申报鲁班奖后，则要根据鲁班奖评选办法对整个工程实施进行策划。比如：发包模式要选择施工总承包模式而不是平行发包模式，大型工程标段划分标准需符合要求；设计阶段推广“四新”技术应用；加大推广节能环保、绿色建筑等技术应用；加强工程前期批复文件管理，避免工程规模等关键指标在各类批复文件中不统一；工程投资测算时需考虑鲁班奖因素适当增加。

沈阳文化艺术中心工程在项目可行性研究报告批复后就确立了申报鲁班奖的目标，并在《沈阳文化艺术中心工程项目管理手册》中以工程建设指导思想形式落实，在编制工程概算及招标控制价时酌情考虑。

二、合同约束

目标确立之后，要通过一定措施来约束参建单位执行，否则在最后申报阶段会引起纠纷。鲁班奖作为超出正常合格质量标准的奖项，在现场质量管控、安全文明施工、内业资料管理等方面有着相对较为严格的要求，要增加相应成本方能达到要求。建设单位应该在施工总承包招标阶段以书面形式明确告知项目申报鲁班奖的目标，并要求总承包单位在投标报价时加以考虑，同时要对总承包单位未能按要求获得奖项的违约责任予以明确，上述要求一并在总承包合同中载明。

合同约束是针对工程建设所有参建单位，而不是仅针对主申报单位施工总承包单位和主要分包单位，因为鲁班奖评审是针对工程整体而言。按照评选办法规定，申报鲁班奖项目原则上实行施工总承包管理模式，但有些工程因其功能特殊性，难免会出现一些特殊专业工程由建设单位另行发包的情形，如剧场工程中舞台机械、灯光、音响，体育场馆工程中电子大屏、赛道、草坪等。所以，建设单位要在工程招标和合同签订时统一标准，统一要求，避免部分分包单位合同中没有提及鲁班奖要求，却在最后申报时因配合申报工作提出经济索赔要求。

沈阳文化艺术中心工程在施工总承包及少数专业分包如舞台机械、灯光、音响招标文件中明确要求工程质量目标为鲁班奖，并在招标答疑会上予以强调，要求投标单位投标时充分认识到其重要性并在投标报价时予以考虑。同时在合同中明确违约责任。

三、过程控制

鲁班奖申报绝不仅是申报前集中突击补资料、现场质量问题整改。过程控制是保证最终成功获奖的坚实基础，有效的过程控制会大幅降低最后申报阶段的工作量。过程如何控制？

一方面，坚决执行项目正常生产环节涉及的有关标准、规范、程序，例如钢筋工程，从钢筋品牌范围是否符合招标或合同要求第一道关，到材料进场检验、建立台账、取样复试、检验报告，到该批次材料现场使用部位报验单签认、对应部位的隐蔽记录签认，每一个环节必须严格执行且准确无误，进而要求核查上述工作日期当天的监理日记、施工日记是否能如实反映其内容且数据全部吻合，至此，针对该批次钢筋工程的检查工作方告结束。这些工作其实就是正常监理、施工过程所必须遵循的程序和标准，只要过程工作按上述要求执行到位，到最后鲁班奖评审阶段自然而然就轻松了。

另一方面，在正常工作标准、程序基础上，提出了更为严密，标准更高的要求。同样以上述钢筋工程为例，当按照上述要求完成过程控制的每一环节后，需要更进一步掌握该工程每一种规格型号钢筋进场并复试合格的总数量，对比工程结算中对应规格型号钢筋总数量，分析进场钢筋总数量和实际用于现场的钢筋总数量是否匹配，如进场数量小于结算数量，说明在材料进场报验或工程结算环节出现问题，可能出现未经报验用于现场施工或虚报结算问题；如进场数量略大于结算数量，说明现场各个环节控制合理；如进场数量远大于结算数量，则说明可能出现未按图施工或结算漏报现象。

沈阳文化艺术中心工程建设单位、监理单位及总承包单位在项目实施期间，严格按照鲁班奖评审要求约束各项行为，严格按照程序执行、狠抓落实。无论是现场实体质量控制还是内业资料的完整性都达到了较高的水准。

四、后期攻坚

有了上述三个方面的良好基础，到后期申报阶段就相对容易了。但同样不能掉以轻心，因为后期申报是全面、系统地对工程整体情况进行梳理、完善、提高。根据评选办法规定，工程竣工验收合格后满一年方可申报鲁班奖。此时，参建单位人员已经解散，甚至有些工程亲历人员离职、调动，无法召回；现场已经投入使用一年，由于使用不当或自身原因也会暴露出一些质量问题；档案资料保存期间可能会出现损毁、遗失等风险。诸如此类，都会给鲁班奖申报带来不可预见的困难。因此，要想成功申报鲁班奖，如果说前面三个环节是工程的基础，则申报阶段的攻坚战则是事关全局的。下面就如何打好后期攻坚战作详细阐述。

1. 思想重视，组织健全

申报鲁班奖事关全体参建单位的荣誉及合同履行的严肃性。各参建单位都要引起高度重视，尤其主管领导要重视并参与资源调动方能有效保障申报过程的顺利。沈阳文化艺术中心项目在启动申报程序之初，便率先成立了以建设单位为总协调，以施工总承包单位为总负责，全体分包单位为成员单位的鲁班奖申报工作领导小组，尤其总包单位派驻公司总工程师驻场指挥，各分包单位也分别派驻主要负责人牵头。领导小组下设对外协调组、质量控制组、内业资料组、技术总结组四个部门，对外协调组负责申报资料组织上报、协调各级协会指导、联络行业专家现场检查；质量控制组分专业各自落实现场实体质量检查、整改、提升，监理单位按照评奖标准并结合专家指导意见逐项验收复查；内业资料组在平时已经完成的内业资料基础上，全面、系统进行复查、校核并修正；技术总结组负责总结项目新技术应用、工程特点及难点分析，为申报声像资料制作提供素材。

2. 方案为纲，计划明确

有了组织机构，有了工作分工，具体工作还要有一份详细实施方案及明确的工作计划方可有序推进。实施方案由施工总承包单位负责编制，监理单位及建设单位审查通过后落实全体参建单位执行。实施方案重点明确各专业质量控制重点部位及标准、内业资料标准、质量及内业整改时间、内部专家检查时间及频次、影像资料制作要求等。

3. 紧扣合同，确保投入

健全的组织机构，明确的实施方案和工作计划，关键要落实到实际行动中去方能见成效。实施期间难免会有承包单位就现场质量、内业资料处理工作人员跟不上、投入不到位的情形。此时，我们在本文第二部分提到的在合同中约定的有关申报鲁班奖的奖惩条款将起到保障作用。针对个别单位不能按照方案约定的时间和标准完成相应工作的，可以启动应急计划，委托第三方单位负责实施该项工作，其费用直接从责任单位工程尾款中双倍扣除，同时根据合同中对该单位有关申报鲁班奖具体合同条款约定，启动更为严格的违约追责工作。如此一来，承包单位不敢在这个关键阶段有懈怠心理，否则后续负面影响及付出代价不可承受。

4. 质量过硬，精益求精

鲁班奖评审重中之重是质量过硬，质量过硬要求建筑各部位全面精良，而不仅仅是大厅的豪华装修及靓丽的外形；质量过硬要求细部节点精益求精、粗粮细作，而不是高档材料设备的简单堆砌；质量过硬要求现场各类完成作业面整齐、美观、有序，而不是杂乱无章。下面将沈阳文化艺术中心项目鲁班奖申报期间对现场各专业问题进行分类梳理，以供参考。

1）建筑专业

重点检查表面观感质量如阴阳角平直度、饰面材料完好度及接缝、打胶等细部处理是否到位，是否有影响使用安全的现象如楼梯栏杆不可使用横担，设备机房、屋面防水质量及相关资料等。主要发现问题如下：

地下室等未装饰工程。存在平顶混凝土结构粗糙、局部有漏浆痕迹，水泥砂浆地坪起灰，个别楼梯踏步不平整，局部墙面平整度偏差较大，积水井盖板防锈处理不到位导致锈蚀等现象。

室内外装饰工程。室外玻璃幕墙和石材幕墙局部打胶不饱满、不密实，个别石材边角破损，外墙石材与地面石材交接出现地面石材托住墙面石材不规范现象，局部室外地面石材返碱，地弹簧大门盖板倾斜，室外散水出现裂缝；室内粉刷墙面阴阳角不直、起皮、脱落，楼梯栏杆错用横担，金属楼梯油漆光洁度差，踢脚线局部脱落，踢脚线出墙厚度不一致，地下室局部矿棉板吊顶受潮下沉，多种吊顶材料预留检修口封边处理粗糙，墙、地面砖不对缝，不同挡烟垂壁玻璃间存在高低差，吧台栏杆高度不足1100mm，多处门合页安装方向不合理，顶棚上部未装饰墙面遗留对拉螺栓，卫生间墙面砖出现局部空鼓。

门窗工程。存在个别窗户未钻通气孔，五金件紧固度不够，窗框缝隙处打胶不饱满、不顺直，窗橡胶密封条短缺，门密封条脱落等现象，钢质防火门下槛油漆脱落严重。

机房工程。存在砂浆地面起灰严重，混凝土设备基础破损严重，墙面污染、墙面吸声装饰层破损，高位水箱间无排水沟及地漏，设备管道进出机房孔洞没有做防火封堵，个别未使用的预留洞口及接线盒未封堵，部分靠墙安装设备墙面粉刷不到位。

2）机电工程

电气专业。重点检查各类末端设备安装质量情况、观感水平，电气线路施工质量情况，配电箱安装质量情况，设备机房布置规范性、电气管道井布置合理性等。主要发现问题如下：

个别配电箱箱门控制线未使用缠绕管进行保护、零排与地排无标识、相线排无保护、箱门接地线未使用编织线、配电箱进出线未做防火封堵、开关下端接线有漏铜现象、部分配电箱内外加模块安装不牢固，消防与照明共用电缆桥架且未加隔板，电气桥架内导线敷设较乱，电缆入接线箱、接线盒处无保护，智能化管道支吊架数量偏少且不均匀、转弯处未加强，桥架接地不规范，吊顶上部灯具软管过长，个别灯具污染，墙面电源插座、信息插座高度不一致，灯具开关、空调面板高度不一致，开关插座与装饰面有缝隙，少数区域吊顶灯具、烟感探测器、喷头、消防广播、送风口不在一条直线上，安全出口指示灯线缆明露，木饰面内灯具未进行防火隔热处理。

水暖专业。重点检查设备机房总体布置美观合理性、管道排布美观性，各专业管道要求管道横平竖直、排列有序，支架固定牢固、吊杆顺直，油漆颜色一致、标示清楚，管道接口无渗漏、焊缝饱满，设备基础牢固且减震、防渗漏措施到位。具体发现问题如下：

消火栓箱未使用机械开孔、水龙带未进行双保护且未有铅丝、消火栓立管无套管、栓头距离开门侧过远、石材装饰门标识不符合规范要求且无门把手、启动按钮明装未采用明装接线盒且未进行防火处理、门开启角度不足120° 且开启不灵活；空调机组软连接未做保温，管道保温局部破损；机房报警阀组排列不整齐，个别风阀进入墙体，压力表处未安装三通放气旋塞阀；管道未安装于套管中间，风管穿墙无套管；散热器与墙面安装缝隙太大，个别机房管道贴墙敷设，保温层嵌入抹灰层内；管道穿楼板套管长度不统一，套管内未做防火封堵；管道介质色标及走向不完善。

3）内业资料

重点检查质保资料是否齐全有效，施工组织设计及施工方案针对性、签署规范性，各类试验记录完整性及数据真实性，隐蔽资料时效性及统一性等，主要发现问题如下：

部分机电工程隐蔽记录不能反映隐蔽材料数量和型号、部位标示不清，部分机电工程隐蔽记录与对应土建工程施工时间不吻合；部分材料设备报验不能体现该批次进场材料数量、进场日期及使用部位，部分材料报验单未注明质保资料原件存放处；部分施工方案没有针对性、操作性不强、引用过期规范；部分文件同一人签字笔迹不同有代签现象，部分技术资料签名采用打印方式不是本人签署；燃气、电力等特种行业技术资料不够全面、规范。

5. 新技术应用与创新成果

新技术应用在鲁班奖申报过程中也是一项重要指标，评定鲁班奖工程不仅要求质量上乘，同时也承载着引领行业发展的重任。鲁班奖工程鼓励采用节能、环保等方面的新技术、新材料。沈阳文化艺术中心工程建筑新技术应用国内领先，过程中应用“2010 年建筑业 10 项新技术”中的 10 大项，52 个子项，同时工程开展了低氯离子高性能混凝土、音乐厅复杂空间结构卸载等多项课题研究。工程完成“四节一环保”技术体系 8 项，科技查新 14 项，形成工法 7 项，完成实用新型专利 8 项，发明专利 4 项，科技成果鉴定 2 项。经权威专业期刊发表论文专刊 1 本。由于工程实际施工难度大，为满足工程验收要求，编写发行了舞台机械、灯光、音响、缓粘结预应力及大型铸钢节点施工质量验收 5 项企业标准。

6. 全面彻底，不存侥幸

上面仅是对代表性问题做了简单梳理汇总，要达到鲁班奖评审标准，必须要对建筑内所有专业进行全面、细致排查，做到专业全动员、部位全覆盖，程序上做到检查、整改、复查，直至全面彻底地将现场质量瑕疵解决。

一般项目在申报阶段会邀请行业专家对现场进行阶段性指导，专家仅是对代表性的部位、节点进行实地指导，没有精力也没有时间对工程进行全方位检查。有些申报单位认为全面检查整改投入太大、周期太长，在行业专家指导路线基础上适当扩展一下整改范围，鲁班奖评审专家来现场时专人引领走指定路线就可以了，这个思想要不得！鲁班奖评审专家来现场查看不一定会完全跟着引领人员查看，也会按照现场实际或自己想要看的部位临时调整检查范围。所以说，侥幸心理绝对不可以有，必须全面彻底达标！

五、结束语

鲁班奖评审牵涉到工程建设全体参建单位，需要从工程开工前确定评奖目标，施工期间坚定不移执行，竣工验收后建立专项申报评奖组织机构并从现场质量、内业资料等方面全面配合方能申报成功。

参考文献：

《中国建设工程鲁班奖（国家优质工程）评选办法（2013年修订）》建协〔2013〕24号

中冶建工集团设计研发大厦（主楼）工程监理工作总结

重庆天骄监理有限公司

重庆天骄监理有限公司于 2011 年 8 月接受中冶建工集团委托，对中冶建工集团设计研发大厦进行施工过程监理，经参建各方的协同努力，本工程于 2013 年 6 月 5 日竣工，2014 年通过鲁班奖专家评审，获得鲁班奖。

一、工程概况

中冶建工设计研发大厦（主楼）位于重庆市大渡口区建桥工业园，是一栋集办公、会议、接待、餐厅、健身、车库等于一体的现代化综合楼。大楼地上 23 层、地下 3 层，建筑高度为 99.80m，建筑面积为 69494.07m^2。

结构形式为框筒结构，六度抗震设防。基础为人工挖孔桩基础和筏板基础，基础和主体全现浇。外墙采用加气混凝土砌块自保温体系，屋面采用泡沫混凝土保温层，防水层采用 SBS 卷材防水层。

二、工程特点及施工难点

筒体筏板基础为大体积混凝土及单层 9344.04m^2 地下车库，无裂缝，控制难，采用控制混凝土的入模温度，分层连续浇筑，合理的振捣方法和正确的保护、养护等措施。

大楼多功能厅屋面跨度达 24m，层高 10.8m，采用预应力钢筋混凝土大跨度结构，预应力梁截面尺寸为 300mm × 1300mm，预应力梁 12 榀。

门厅为大跨度、大空间结构，屋面为钢结构的玻璃采光屋面，施工中采用了大型吊装施工工艺。

$33600m^2$ 外墙装饰复合一体板、$7200m^2$ 裙房干挂石材幕墙，门厅地面、墙面、门厅中央背景墙以及电梯厅宽大墙面的帝国米黄石材装饰镶嵌着黑色不锈钢，安装采用电脑排版，精致尽美，靓丽大方。

本工程各种机电设备及强弱电系统配套齐全，管线纵横交错，深化设计工作量大，综合布线难度大。

安装工程应用 BIM 技术建立了三维模型，深化了设计，优化了施工方案，使设备布局更加合理，有效地利用了空间。

三、工程质量监理目标与保障措施

本工程监理委托合同中对质量目标明确约定为争创“中国建设工程鲁班奖”。

公司按争创“中国建设工程鲁班奖”的质量目标要求建立本项目的质量管理体系，采用全面质量管理的方法，实行全员、全面、全过程的质量管理，督促以优质的工作质量保证工序质量，以工序质量确保工程质量，从而生产出内在品质优良、外观效果精致的建筑产品。监理单位创优工作的保障措施主要有：

1. 项目创优工作总体部署

1）建立健全项目监理部务实高效创优管理组织机构。建立以项目总监为领导，总监代表和各专业监理工程师中间控制，监理员基层检查的三级组织保证体系。建立以“过程精品”为主线、以“动态管理”为特点、以“目标考核”为内容，以“严格奖罚”为手段的运行机制。形成一个横向从土建到各分部分项项目，纵向从项目总监到各专业监理师和监理员的管理组织网络。挑选专业技术和管理力量强的监理人员，加强纵横向分工联系，把各层管理组织的责、权、利落到实处，为实现总体目标提供组织保证。

2）工程创优管理组织体系

（1）监理部负责成立以项目总监为组长的 QC 质量小组，各有关专业监理工程师参加的项目质量管理 QC 小组，负责制订和细化项目质量目标和创优计划，组织质量计划等质量体系文件的编写，督促项目质量体系的建立和运行。

（2）建立项目总监宏观控制，各专业监理工程师和监理员具体负责制，专业负责人专项负责制，建立三检制的质量管理网络，负责施工全过程的质量检查、监督和管理。

（3）明确项目全体施工人员质量职责，实行工程质量岗位责任制，并采用经济手段来辅助质量岗位责任制的落实。

（4）充分发挥公司的技术优势和重点、大型工程的实践经验，组建专家咨询小组。该小组本着对工程负责，对业主负责的态度，及时组织专家进行技术咨询，确保监理工作质量。

（5）公司把该项目的创奖目标纳入当年的工作计划，重点从监理部人员组织、设备配置、技术支持等多方面采取措施确保目标实现。

（6）从监理人员数量、专业构成、管理经验等全面综合考虑组成精干高效的监理部。

（7）落实监理人员的岗位职责和明确质量监理控制要点。

2. 创优工作保障措施

为确保工程质量，按照 ISO9001：2008 质量标准的要求建立本项目的质量管理控制体系，进行质量管理控制，具体保障措施如下：

1）项目监理部按 ISO9001：2008 标准要求，落实监理人员的岗位职责和明确质量监理控制要点。

2）在影响工程的关键部位和重要工序设置控制点，如在测量放线、模板、钢筋定位和全部隐蔽工程设立以专业监理工程师牵头的检查小组。

3）建立高效灵敏的质量反馈系统，专业监理工程师为质量信息的收集和反馈的主要人员，针对存在的问题，项目监理部制定相关的预防措施，并在过程中纠正偏差。

4）制度化、程序化、规范化地开展监理工作

在监理实施过程中，以一套标准化、规范划、制度化的监理运作程序来进行有序监理，建立务实的基本工作制度。建立预控体系，公司总工协助项

目总监仔细阅图会审，组织专家组根据需要指导监理工作，解决重大技术问题；总工对项目实行月度巡查制；配备足够的检测设备，把好试验关是控制质量最好的手段之一。

5）制订有针对性的监理工作制度，并认真组织交底。

6）工程创优要从基础抓起，从结构抓起，克服“优不优，靠装修，齐不齐，一把泥”的错误认识。要强调预控，强调过程控制，提倡过程精品，对施工全过程进行全面控制。通过工程创优活动“学规矩，立规矩，练人才，造队伍，撒种子，创信誉”，使结构质量可靠，装修美观大方，使业主放心，让业主满意，达到经济、社会、环境效益的完美统一。

四、质量管理制度

1. 在国家和重庆市一系列基本建设法规指导下，结合公司长期以来积累的一整套施工管理经验，制定出本工程的质量责任制并层层落实。

2. 建立质量例会制度

坚持每天下午四点召开由项目总监主持有监理部全体监理人员、施工单位项目部主要管理人员、邀请的业主单位或设计单位等参加的每天施工现场生产例会，检查当天生产质量情况，对存在的问题及时整改。

3. 进场材料检查验收制度

各类进场的材料及半成品必须具有出厂合格证明。材料进场时，严格督促项目经理组织质检员、施工员、材料员并邀请监理工程师见证，共同进行验收、取样、制作、送检。不合格的材料、半成品不准用于本工程。

4. 隐蔽工程验收制度

严格隐蔽工程验收制度。施工单位应首先在班组自检合格的基础上，由施工员和质检员对作业班组工作进行内部检查验收，自检合格后约请业主、监理或质监、设计单位进行正式隐蔽验收，并填写好隐蔽工程验收记录，办理完签字手续，作为档案资料保存。验收合格后才能进行下道工序的作业。

5. 坚持“样板带路”制度

各分部分项工程施工前，必须先作“样板墙”、“样板间”，经施工单位、业主、监理单位检查验收合格后，把施工实施管理层与作业层的质量标准形象统一到经验收的“样板墙”、“样板间”的质量标准上来，方可大面积进行施工，并且在大面积施工过程中，必须做到“跟样不走样”。

6. 坚持“三检制”和分部分项工程验收制度

1）加强施工过程控制，严格操作规程，严格自检、互检和交接检。专业监理工程师在日常巡视监理过程中应做到无自检、不专检、不验收，上道工序不合格不准进入下道工序，确保工序质量，以工序质量保证工程质量。

2）项目专职质检员必须对本项目各分部分项工程进行全检。对出现的不合格生产现象，按程序文件相关要求处理，及时向施工班组签发《质量隐患整改通知书》，并报监理部，要求限期整改并进行督导。同时，对经检查的合格产品必须予以确认，并对确认的产品质量负责。同时应每月提交本月工程质量评定书面资料，定期邀请业主单位、监理单位进行核验。

7. 质量否决制度

对不合格的分项、分部工程必须返工至合格，执行质量否决权制度，对不合格工序流入下一道工序造成的损失应追究相关者的责任。

8. 质量奖惩管理制度

督促施工单位在该项工程施工的全过程中，要将施工质量的好坏与责任者的经济利益挂钩，实行质量奖惩，以激励施工队伍职工增强质量意识，努力提高施工质量水平。

9. 书面报告制度

对业主和监理提出的整改意见，施工单位应定期整改并将结果以书面形式予以答复，与业主及监理建立良好的合作关系，并且对自身发生的质量问题引起足够的重视。

10. 竣工后服务承诺制度

按公司《服务控制程度》要求，做好竣工服务工作，定期回访用户，并按有关规定实行工程保修服务。

五、业主重视是鲁班奖成功申报的重要因素

业主成立了以集团公司董事长为组长的领导小组，建立了以项目经理为核心的质量保证体系，推行了质量、安全、环境等目标责任制。

将建设、设计、监理、质量监督单位纳入到创优体系里，各方目标一致，积极协作，严格执行各项制度，落实岗位责任制，强化全方位质量管理，保证了质量一次成优。编制了《中冶建工集团设计研发大厦工程质量创优策划书》、专项施工方案、作业指导书等，使工程质量始终处于全过程受控状态。针对施工难点，积极开展 QC 活动，进行技术创新。施工中坚持策划先行，深化设计，样板引路，精细施工，争创过程精品。

六、监理工作过程的心得体会

在本项目的监理过程中，监理部把争创“中国建设工程鲁班奖”当作监理工作目标，在创优过程中，监理工作始终坚持做好做到“三全”、“三抓”、“四必须”。

1.“三全”为使工程施工按预定的目标进行，监理部对施工进行“全过程”、“全天候”、“全方位”严密科学的管理。

“全过程”:包括施工前、施工中、完工后三个过程，直至保修期结束。

“全天候”:时刻掌握施工现场情况，采取主动监理、动态跟踪，对关键工程部位、“敏感”工作、重要工序要进行旁站监督，一切重事实和数据，决不臆测行事，全天候管理的实质是动态控制，及时处理问题达到预防为主，质量第一的要求。

“全方位”：一是指对人、机、料、法、环五大因素进行质量控制。对承包商的施工队伍，进行资质审查与质量控制；对投入使用的原辅料、构配件进行质量控制；对投入的施工机械、仪器仪表进行质量控制；对施工组织设计、施工操作工艺方法、技术措施、试验与检测检查方法等进行质量控制；对施工的技术环境、劳动环境、管理环境等进行质量控制。二是指对工程施工进度与竣工的控制，完成预定的进度目标。三是指对工程施工过程中的投资控制，按合同投资的分解切块进行计划值与实际值的对比分析，不断采取措施调整，使资金使用达到准确合理。

2.“三抓”

“抓好组织落实”：建设项目施工阶段的最大特点之一就是对工程实施全过程的监督管理，需要一个组织体系来保证监理工作的实施，为了做到这一点，我们要在接受项目监理后，成立现场项目监理部，负责该工程监理合同中规定的建设监理工作。 项目监理部常驻现场，了解掌握施工过程的动态，对监理过程中出现的问题及时处理，定期向建设单位、公司汇报工作情况。

“抓好制定‘监理规划’”：制定《监理规划》以明确监理工作目标。《监理规划》由监理工程部根据工程特点进行编制，其主要作用是体现目标控制。其内容包括：工程概况、指导思想、监理工作范围和内容。在《监理规划》中根据图纸要求提出质量检验标准，制定监理流程，规定抽查、签证制度及检查方法，保证监理的权威性和公正性。《监理规划》征求建设单位及施工单位意见后，认真执行。这样使监理、建设、施工三方明确责任及权力。

“抓好施工组织设计的审查”：着眼于四项主要内容：施工进度计划、施工技术方案、施工现场平面布置、资源需求计划。审查施工进度计划主要从施工过程的连续性、紧凑性和均衡性出发，依工程环境条件统筹考虑各个影响因素，实现计划制定的可行性，保证计划执行的严肃性。审查施工方案，不但要考虑施工方法的先进性，还要讲求

技术措施的可靠性以及经济上的合理性；审查施工现场平面布置，考虑是否已经最大限度地合理利用空间，减少施工占地并保证文明施工，减少二次搬运，充分发挥机械利用效能，满足安全、消防及环保的要求；审查材料、人力、设备需用计划，从供应的实际可能性，依工程进度的需要合理安排人力、原材料、半成品、机具设备等进退场的时间。审核后督促施工单位认真实施。

3. “四必须”就是必须跟踪监理，必须超前监理，必须勤奋监理，必须文明监理。

1）必须跟踪监理。项目总监理工程师、总监代表、专业监理工程师常驻现场，随时处理问题，随时验收，做到定岗负责，跟踪验收。

2）必须超前监理。明确下一个阶段监理内容，监理要点，对关键点及难点心中有数。

3）必须勤奋监理。

腿勤——多跑，不怕累；

眼勤——多看，仔细观察；

嘴勤——多说，不怕麻烦；

手勤——多记，事事有备忘录。

4）必须文明规范监理。自觉遵循“诚信、公正、独立、科学”的职业准则，按系列表格的要求进行规范化的管理，提高工作效率和服务质量。

七、监理工作成效

1. 坚持严格监理、热情服务的原则

1）坚持严格监理的原则对以下几方面实施监控：

对施工单位上报的施工组织设计及各种施工方案、创优方案进行了严格审查，并提出了审定意见，事中检查实施情况，据实审批调整计划。对进场的原材料、构配件、设备进行严格的检查验收和审批，按规定对原材料、构配件现场见证取样，杜绝不合格的原材料、构配件用到工程上。认真审查施工单位的资质及人员的资格。对施工质量进行事前、事中、事后的控制，发挥巡视、旁站、平行检验等作用，对需要旁站监督的关键工序和关键部位，做好旁站监督工作。对隐蔽工程项目的检查做到全检不漏项，且质量合格后才允许进行隐蔽施工。

2）坚持热情服务的原则

兑现监理合同中承诺的24小时服务，做到及时进行检验批、分项报验的查验，没有因查验不及时而影响工期。对建设单位提出的要求本着热情服务的原则及时落实和检查，对施工中存在的问题及时指出，并提出解决问题的建议，经有关各方同意后实施。

2. 本着科学的态度，用数据说话

在监理工作过程中对分部（分项）验评坚持按规范、规程、质量标准、设计要求进行评定，用数据说话，做到以理服人。积极工作、协调好各方面的关系。本着积极的工作态度做好监理合同约定的监理工作，各专业监理工程师积极认真地做好本专业的各项工作，并做好各专业的衔接沟通。做好建设单位与承包单位的协调工作，充分发挥各方面的积极性，完成好各项工作。

3. 坚持公正的态度进行工作

在监理工作的过程中保持公正的态度解决所发生的事件，保证了建设单位与承包单位双方权益不受任何侵害。

4. 工程质量验收情况

根据施工单位对本工程施工质量检查、评定情况及项目监理部对工程原材料、构配件的检查，对各分项、分部、单位工程的施工质量查验，该工程实体质量满足施工图设计要求并符合建筑工程施工质量验收规范的规定，质量控制资料齐全，工程竣工档案资料齐全并符合要求。观感质量达到“好”的标准，参加验收的各有关单位已共同签署单位工程竣工合格意见书。

经各方努力，终于建造出了结构可靠、品质优良、功能齐全、外观精美、为参建五方及社会各界称赞的中冶建工设计研发大厦，耸立于重庆市大渡口并成为该地区的标志性建筑。

山东省文化艺术中心（大剧院）工程监理经验总结

山东省工程监理咨询监理有限公司

一、项目概述

山东省文化艺术中心工程BT施工项目位于济南市槐荫区，东至腊山河东路，西至腊山河西路，北至济西东路，南至站前路。总建筑面积约13.5万m^2，其中大剧院地上建筑面积约7.5万m^2，南地下车库3万m^2，中心广场3万m^2，市政配套498m及室外工程，大剧院基底面积为21394m^2。

本工程建设规模大，工期紧，建设任务重，工程政治意义高。公司充分认识到本工程的重要性和监理工作任务的艰巨，从工程伊始便树立了要不惜一切代价，整合全员力量，确保工程各项建设目标顺利实现的指导思想。因此，公司在监理项目部的组建上、人员配备上，质量监理、安全监理手段等方面在总结、借鉴一般工程的成功经验的基础上进行创新、突破。使监理工作更主动、更规范、更细致、更超前、更有效、更有深度。

二、制定鲁班奖创优方案，力争目标实现

1. 组建专业配套齐全，机构形式合理的项目监理机构

公司承接山东省文化艺术中心（大剧院）项目后，经总经理会议研究，分析该项目的监理工作有如下几大特点及难点：

1）工程体量大，涉及的专业多，特别是钢结构安装工程、空调系统、配电系统、屋面防雷、防水工程、舞台机械设备、音乐厅音响设施都是省内同一工程很少同时出现的，并且突破了常规施工工艺及做法，监理方在个别方面还没有成熟的经验及相关专业人员。

2）工程的工期紧，为迎接国家“十艺节”，该项目的工期基本处于无退路状态，根据公司及业内同行的经验，同类项目的工期一般为5~7年，而留给该项目的实际工期也仅有3年。

针对以上特点，为了保证工程质量，保证工程如期完成，公司成立了以公司总工为项目总监的项目监理组织机构，人员人数达60余人，其中涵盖了房屋建筑、机电安装、强弱电、给排水、暖通空调、钢构探伤、测量、造价等各专业人员，其中注册监理工程师10人（含国家一级注册结构师），山东省地方监理师6人，国家注册造价师1人、注册安全师2人。同时对蓄冷式空调、舞台机械、音响等专业，聘请山东省行业内资深专家担任技术咨询。

为保证“政令统一”，监理指令能有效传达到基层落实，同时又能将现场工程信息及时反馈给总

监办，供决策层做出决策，项目监理机构的形式采用矩阵式职能设置，总监办下设5个监理职能部门，各区域监理组对职能部门负责，总监办既能对职能部门管理，必要时也可直接面对监理组发出指令，实现了既能统领全局，也能重点管理的管理思路。

2. 实现对口衔接，将公司相应管理职能的触角直接延伸至现场

为将现场总监办的主要人员从日常烦琐的事务中解放出来，让他们管大事，定大局，公司将现场的5个职能部门与公司人力部、工程管理部、总工办、办公部及财务部进行了对接，重点为该项目做好服务工作。

人力部对接的主要任务为：根据工程需要及监理人员进场计划，及时保证人员到位。①根据工程需要及劳动强度，增强调整相关专业人员力量，保证工程人员能满足白加黑，5+2的工期需求；②联系各特殊领域方面专家，组成技术咨询团队，适时进行技术指导。

工程部的主要任务是：做好监理工作中人员培训交底工作；及时关注工程现状，对出现的问题及时提示职能部门处理。

总工办的主要任务是：及时审核审批监理部提交文件。①细化监理指导性文件，确保落实监理人员能按文件开展工作；②参与重要工序、关键部位的论证会议，并提供相应建议、意见。

办公部门及财务部的主要任务是：为项目参建监理人员提供吃、住、通信、交通等方面便利条件，让监理人员能全身心投入工作。①对家中有影响工作因素的，公司派人给予解决；②严格落实奖优罚劣制度。

3. 加强监理人员专业技术培训，确保工程需要

针对该工程的CFG桩、大体积混凝土工程、钢结构工程、高大模板支撑体系、蓄冷式空调系统，公司的总工办及工程管理部在项目部编制监理规划、细则和危险性较大工程控制方案时都参与其中，并对这些方面的监理工作进行逐一讲解，进行控制交底，为确保工程质量起到极好的效果。

三、完善落实监理部的预控措施，使监理工作做到有的放矢

1. 做好监理工作实施前的交底工作

监理工作的交底分为监理内部交底及向参建方交底，监理内部交底，由项目机构按公司要求进行交底内容如下：

（1）明确各专业人员各自的岗位职责及工作内容；

（2）明确各专业人员所管辖的区域范围；

（3）明确工作流程及信息传输通道；

（4）明确工作纪律及业主对监理服务要求。

监理向参建方交底主要包含以下内容：

（1）施工方的资质、人员、体系、施工组织设计等审核资料共11项；

（2）工程质量控制原则，进场材料、半成品、构配件、设备等验收程序；

（3）检验批、分部分项工程验收程序；

（4）工程进度控制资料；

（5）工程投资控制的原则、程序；

（6）安全文明施工方面的要求。

2. 做好监理预控文件的审核、协助项目部编制监理控制文件

由于山东省文化艺术中心工程存在工期紧、单体多、分阶段出图等特点，公司在预控文件的编审方面十分重视，针对初期图纸不细化问题，监理规划针对性不强，公司总工办多次根据现场实际变化要求项目完善规划内容，同时对旁站方案、高大模板监理控制方案等按实际情况进行审核，起到了较好的效果。

公司总工办及工程管理部还派业务水平高、规范理解全面的专业人员协助项目部人员编制监理实施细则，共同参与项目部编制各类细则等控制性文件30余次，取得了良好的指导效果。

3. 建立公司与项目监理部门联席会议制度

为了保证工程监理工作顺利开展，及时解决工作中面临的难题，公司每个月与项目监理部门举行一次联席会议，联席会议由公司各对口部门负责

人及现场职能部门负责人，监理组组长参加，总监办负责人主持，重点听取前期质量、安全、进度、投资目标的落实及反馈意见，监理人员工作态度、工作成效，发现问题及时调整。

四、加强过程控制，落实公司工作程序，坚持指导与检查并重的工作原则

1. 落实创优方案，实施五位一体的检查方案

为了确保创优方案落实到实处，公司依据创优方案实施了五位一体的检查方案，对监理人员工作状态、监理工作程序把控，现场质量、安全及资料及时进行量化统一，采用总监理工程师考核标准对总监进行考评，共计 17 项内容；对专业监理师，采用专业监理工程师考核标准，共计 13 项内容；对程序文件进行考评共计 27 项内容；项目安全考核共计 20 项内容；项目资料考核共计 22 项内容。

通过量化的检查条款，起到了发现问题及时处理，有效避免重犯的效果。

2. 全过程的旁站监理

为了保证工程如期交工，公司的监理人员全天 24 小时奋斗在一线，为保证工作质量，监理人员每天都是两班倒，甚至出现三班倒。

尤其是工程后期，空调、电气、给排水、消防系统调试阶段，公司打破常规，将项目的水气压试验、电气绝缘测试、接地测试等主要功能测试全部纳入旁站范围，打破传统的做法，做到有条件完成一处、测试一处、旁站一处，有效地保证了工程质量，确保了工期。

3. 聘请专家指导监理工作

针对山东省文化艺术中心的特殊专业，如舞台机械、舞台灯光、音乐厅专业音响设备，公司联系了省内多名有经验的资深专家，从方案设计到实施直至完工验收对监理工作进行指导，并在关键节点处亲临现场进行验收，避免了返工浪费，一次就达到了预期的舞台效果。

五、强化质保期监理工作，全面提升工程质量

1. 公司在质保期内成立常驻监理机构，及时解决现场问题

经过全体参建人员的努力，国家十艺节顺利在省文化艺术中心胜利开幕，虽然工程已通过竣工验收并移交使用方，但按照创优方案，公司仍组建十余人的班子，常驻现场，及时发现工程中的质量瑕疵，并督促施工方进行修整。监理工作的重点以现场质量精细化、人性化为主。并经过了夏季制冷、冬季制热、雨季防水效果、舞台机械安全性、舞台灯光、音响的多场次等多项测试，经过一年半的常驻监督，省文化艺术中心项目达到了理想效果。

2. 多工况、多场景使用状态听取用户意见，力求系统功能及使用效果最佳

项目监理机构在驻场期间，省文化艺术中心举办过多场文艺汇演或音乐表演，为了完善使用功能，使观众有舒适的观演环境，监理人员把自己作为一名观众现场体会感受，并多次采集观众的感受意见，并将建议反馈给使用单位。经过长时期调研改进，在舞台后台化妆区灯光，空调系统在观众达 1/3、一半或满座时的风速、温度设置等方面，都做了相应调整，为使用方以后的经营提供了有关数据，起到了既节能又实用的指导效果。

六、结束语

公司在遵循程序化、规范化、科学化管理的基础上，采取创优项目差异化的管理，顺利完成了省文化艺术中心各项监理工作，工程项目按期完工，并顺利通过了竣工验收，舞台部分顺利通过了舞台工艺专家验收，通过了“十艺节”筹委会验收，该项目已取得多项市、省级质量安全奖项。

同时，通过本次创优活动，公司的各管理部门业务水平、协调能力得到进一步提高，在今后的监理工作中，公司将继续积累经验，扬长避短，更加科学、规范地开展监理工作，为监理行业再添光彩。

天济广场酒店先进技术和管理经验总结

常德市旺城建设监理有限公司　贺茂才

一、成果背景

1. 项目背景

常德市天济广场酒店是喜来登品牌在常德的首家酒店，也是常德的第一家国际品牌酒店，社会各界对其极为关注。常德市日元城建设监理有限公司以此为契机，将该工程列为公司的窗口工程，以高起点、高要求、高标准为宗旨，通过精心策划、狠抓落实确保获得湖南工程质量最高奖项“芙蓉奖”，争创“鲁班奖”。

2. 工程简介

常德市天济广场酒店位于城区皂果路西侧，柳叶大道南侧。地下室长约193m，宽60.3~90m，该工程采用筏板基础，裙房4层，塔楼2栋，分别为22层和18层。主体为钢筋混凝土框架剪力墙结构，总建筑面积79794m^2，地下15481m^2，地上64313m^2，建设总高度为90.8m。工程实施时间为2011年12月~2014年8月。外立面主要采用玻璃幕墙和干挂花岗石；室内装饰有石材地面、地毯、木地面；饰面有石材饰面、墙纸、木饰面及墙漆等。

二、选题理由

近些年城市建设飞速发展，造成建筑业劳务人员供应紧张，特别是合格的安装和精装饰工人更是紧张，加上很多项目对劳务是以包代管，导致工程质量下降。本工程工期紧，质量要求高，为满足业主要求项目部确立“以精心策划和技术创新保质量，以狠抓落实和过程控制抓劳务班组，全面提升总承包管理水平”为本项目的管理指导思想，并贯彻于施工全过程。

三、管理重点和难点

1. 管理重点

本工程管理的重点主要在劳务、技术、质量、安全四个方面。重中之重是改进工艺控制质量通病和狠抓劳务的现场落实。

2. 管理难度

1）土建技术难度大。本工程地下室长193m，宽90m，地下水位高，地下水与湖水连通，水压大止水困难，施工难度大；地下室基坑开挖几乎占用了全部建筑占地面积，加上周边两条主车道交通流量大，导致基础施工阶段用地极其紧张；高大支模体系有首层消防通道、大堂和三楼宴会厅等，处理难度大。防漏、防渗施工难度大：地下室体量大，水位高，防水难度大；室内游泳池、卫生间多、厨房多、屋面大，且酒店有一个厨房跨过变形缝，防水施工难度更大。室内防水面积达 20148m²，占建筑总面积的 25.3%，其中卫生间 570 间、厨房 36 间。

2）安装工程难度大。本工程设施先进，智能化程度高，机电专业系统多、管线多、管径大、管线交叉量大，管线明装量大。加上空调采用四管制，各种管道、管线交错布置更加复杂，协调各专业管线综合工作量大。

3）质量要求高。本工程质量目标为确保“芙蓉奖”争创“鲁班奖”。本工程装饰工程复杂、标准高，且整个行业都缺乏高水平的装饰操作技工。装饰主要难点：天然大理石现场铺贴石材品相的控制难度大；装饰工程采用大面积陶瓷锦砖和小方砖作地面，施工难度大，大面积的上人屋面为 100×100 瓷砖，屋面和墙柱相交位对缝处理更是困难；细部尺寸相互咬合控制难度大；外幕墙石材线条长、外悬挑多，加上整个建筑由三个部分构成，整体房屋四方汇川的总长度达到 420m，要将三个建筑物结合起来，并且要控制在一个水平标高，且各种石材线条底口规格多、吊底多，整个建筑石材线条长度超过 6000m，质量控制难度相当大。

4）安装和装饰吊杆工作量大，质量控制难度大。

5）本项目涉及相关方多，除了常规的相关方，还有酒店管理公司和酒店管理顾问公司的各项规定。要满足各项规定和保证细部交接流畅、美观，难度大。施工作业面大、施工人数众多、交叉作业烦琐。

四、管理策划及创新特点

1. 管理策划

项目开工前，公司和项目领导班子结合项目特点，深入调查研究，加强业主、设计、施工单位的沟通，认真分析施工过程中的重点、难点、质量控制点及风险控制，确定要以技术创新和狠抓落实为主线，以解决重难点为突破口，以全面提升工程质量为目标，落实责任，分工明确，保证目标的实现。

2. 目标值的确定

项目	目标值		完成时间
风险控制	工期	2014年8月26日竣工	2014年8月
社会价值	安全	标准化建设示范工程	2014年8月
	质量	湖南省优质工程“芙蓉奖”	2015年6月
		争创“鲁班奖”	2015年8月
新技术、绿色施工	绿色施工	湖南省绿色施工示范工程	2015年5月
	新技术推广	湖南省新技术应用示范工程	2015年1月

3. 创新特点

项目建设过程中，以精心策划为起点，以劳务管理为基础，从施工工艺入手，将技术创新和狠抓落实融入项目施工的每一个环节，使技术和管理有机结合。

做好一个项目，精心策划是前提。但光想到还远远不够，最重要的还是如何落实，如何让一线工人把策划变为现实。保证关键工序有和质量目标相适宜的操作工艺，有和工艺匹配的劳务单价，使整个项目实施中各项目目标得以充分实现。

要达到高质量标准，从短期看投入是适当增加，但从全寿命周期看肯定是节约的。如高质量防水做法，保证了材料和工艺，防水有效期大大延长，不仅保证了正常使用功能，更是减少后期维护成本。

五、管理措施及风险控制

该工程针对劳务、技术、质量、安全进行了有效控制。

1. 劳务管理

1）每个专业安排 2~3 个专业班组，建立同专业评比的基础。

2）每个班组灵活安排任务量，有基本任务量和按检查效果划分的任务量。

3）检查发现个别班组综合评比情况太差，则按合同及时进行淘汰。如本工程外幕墙队伍就被淘汰了 2 个班组。这样可有效激发班组的竞争意识、责任意识和忧患意识。

4）项目部主要管理人员、监理、设计顾问和班组负责人组成检查组，每周六对各班组施工情况进行考评，每个月对检查情况进行汇总评定，并奖优罚劣，对没达到质量标准和安全文明管理的情况找出原因，及时纠正。

5）每次现场检查和开会总结，我们不仅要发现问题，更重要的是要限期解决问题。

6）现场跟踪检查职责明确。管理人员明确划分责任区和检查内容；操作人员追责制，严格记录每一个操作人员的工作内容，只有验收合格后才能拿到相应的报酬。

7）每一道工序，技术人员现场跟踪操作人员执行情况，及时发现问题，解决问题。特别是整改后的情况必须及时检查。

8）严禁以包代管，事后造成返工的，检查人员和操作人员共同负责，按责任大小进行相应处罚。

9）按施工工艺来确定工人的工资标准，保证施工工艺能切实执行。

10）保证有合格的操作工人。人员进场考核，对合格工人交底到位，管理人员现场跟踪督导，确保策划目标的实行。

11）分区域、分层标识操作负责人和检查情况。实行技术交底挂牌、施工部位挂牌、操作负责人挂牌的方式，是为了提高工人的水平和质量责任意识。现场检查人张贴检查情况是为了督促操作人员也是便于项目部实施考核和劳务结算。

12）为方便各相关方和各专业间及时全面的沟通，每月初召开协调例会。

2. 技术管理

技术管理主要针对容易产生质量通病、不成熟、难度大或效率低下的施工工艺采取改进措施。

1）本工程地下室长 193m，宽 90m，地下室层高为 5.1m，地下水位高。为确保地下室外墙不渗漏，审查了施工单位专项措施，一是外剪力墙采取构造抗裂措施和设诱导缝保证裂而不漏；二是外墙防水采取刚柔结合，其渗透结晶型水泥基防水层确保长期防渗；三是聚氨脂防水施工工艺采用抹压并加设无纺布。从工艺上保证防水层厚度及强度；四是防排结合，对地下室顶板除了做好防水，同时设好排水坡度并设好排水盲沟，尽可能减少蓄水量。

2）本工程地下层平面尺寸大，地下室筏板厚 1~2m，基础部分混凝土的裂缝控制难度较大。主要采用仿跳仓法施工，并通过优化地下室混凝土配合比设计，在混凝土中掺入矿粉、粉煤灰替代水泥、采用二次机械抹压、加强养护等一系列技术措施，有效地控制了混凝土构件裂缝的产生。

3）细部尺寸相互咬合控制难度大，主要采取放线控制，误差提前处理。

以卫生间为例，墙面大理石立面的垂直度与不锈钢隔断的垂直度相互吻合，墙面大理石立面的平整度与镶嵌的全身镜的不锈钢框的平整度相互吻合、与镶嵌的不锈钢衣柜平开门框的平整度相互吻合。所以卫生间大理石墙面的垂直度和平整度必须在每一个环节上都要进行严格控制，通过保证平整度来达成相交线的顺直度。

再以外幕墙为例：幕墙石材线条长、外悬挑多，整个建筑由三个部分构成，形状不一，将三个建筑物结合起来，并且要控制在一个水平标高，难度是相当大的。施工中充分领会设计意图，做好深化设计。通过计算机分析测量数据、放样定位、误差处理。幕墙组件、构件全部实现工厂化制作，为幕墙的安装精度提供了有力的保证。

4）安装工程复杂、管线明装量大，要求布置整齐、美观。本项目采用综合管线布置技术，在施工前对管线比较集中的部位进行了细化设计并以图例的形式表示出来，制定了安装与土建、安装工程各专业之间的施工顺序，保证了各专业管线布置合理、紧凑、美观、维护方便，各专业同走向管道尽可能共用支架。管道安装采用成品支架，方便快捷，整齐美观，维护方便。如客房开关多，采用集成开关盒，提高工效的同时保证安装质量。

5）项目部十分注重科技创新管理，经过认真分析图纸和工程特点、难点，积极推广建设部 2010 年发布的建筑业十项新技术，在实际工作中应用了其中的 7 大项 17 小项。

序号	住建部（2010版）十项新技术应用推广项目	
1	地基基础和地下空间工程技术	复合土钉墙支护技术
2	混凝土技术	纤维混凝土
3		混凝土裂缝防治技术
4	钢筋及预应力技术	HRB 400级钢筋应用技术
5		大直径钢筋直螺纹连接技术
6		有粘结预应力技术
7	机电安装技术	管线综合布置技术
8		金属矩形风管薄钢管法兰连接技术
9		变风量空调技术
10		薄壁金属管道新型连接方式
11		穿刺线夹施工技术
12	绿色施工技术	施工过程水回收利用技术
13		铝合金窗断桥技术
14		粘贴式外墙外保温隔热系统施工技术
15	防水技术	聚氨酯防水涂料施工技术
16	信息化应用技术	施工现场远程监控管理技术
17		工程量自动计算技术
18	创新技术	诱导缝在房建工程中的应用
19		渗透结晶型水泥基和聚氨脂加无纺布防水施工技术
20		天然砂砾拌水泥复合地基施工技术
21		双轨双帘特级无机防火卷帘施工技术
22		人造石胎体与马赛克复合粘贴施工技术

6）本工程注重技术创新，成功申报了“大小孔页岩多孔砖”、“电梯井活动支架专利”、“屋面变形缝防水构造”3项实用新型专利，以及省级工法“杠杆式可升降电钻支架施工工法”一项。

7）大面积的上人屋面100×100瓷砖和室外100×100广场砖粘贴难度大，我们采用先画排砖图，现场拉双线网格控制顺直度，用2m检测尺控制平整度，采取平立面交接处做斜坡过渡处理，保证对缝和防水质量。

8）本工程有较大的陶瓷锦砖（马赛克）地面，为了克服传统施工中陶瓷锦砖面积小、平整度难以控制、脱落、费时、费工等难点。施工单位采用人造石胎体与陶瓷锦砖进行复合粘贴施工技术，变成简单的普通瓷砖施工，化难为易。吊顶四周、中间、设2cm的工艺槽，木饰面家具上也留有5~10mm的工艺槽，有效地防止了裂缝的产生。管井先用混凝土封堵，内饰完成后再拉通线进行管道及桥架安装，确保了管井装饰与安装质量。石材幕墙石材线条汇圈多，长度超过6000m，整体汇圈线条将三栋建筑物有机地结合起来，形成一个和谐的建筑体。叠级多，共有14个叠级，呈现不同凹凸面，非常有层次感。石材排版错落有序、搭配合理。工厂化制作保证了半成品的质量且更有利于环保。

9）深化施工图纸会签

对复杂的节点和施工过程中需细部深化的施工图，深化设计图审核形成会签制度，明确责任，确保工厂化制作大样图的准确性。

3. 质量管理

1）策划阶段公司分析了本工程的施工重点、难点，识别和确定了相应的质量控制点。对相应的工序进行了重点策划。

2）为确保策划能真正实施，对缺乏经验的关键工序项目组通过先做样板进行验证，验证质量标准合适、施工工艺可行后，再现场交底。

3）交底到位。施工单位要求每一个操作者明确自己每一步操作要达到的质量标准，并掌握相对应的施工工艺。施工单位项目部技术交底的重点是工序技术交底，在保证质量的同时节省施工成本。如在装修阶段采用杠杆式活动支架电钻钻孔。

4）抓关键工序的施工工艺，过程决定结果，只有合适的施工工艺，才能达到预定的质量目标。

5）对于施工中涉及其他专业且复杂的问题，及时组织相关方召开专题会议解决。主要内容是某一施工部位或区域，例如各专业管线在管道井内合理化布置、屋面绿化与各安装专业协调等。

6）重要工序、复杂节点提前进行深化设计，据施工的实际需要及时完成关键部位的节点详图，并及时向施工班组进行有针对性的交底。防止出现现场管线不美观和冲突的情况。

4. 安全管理

1）为确保项目的安全生产，项目成立了以项目经理为组长的安全生产领导小组，制定了安全生产责任制，明确各级管理人员的安全生产职责，项目部每周对现场的文明施工情况进行联检，对于存在的问题及安全隐患及时进行整改，每天还有专职安全员进行巡检，及时落实安全文明施工存在的问题。

2）技术负责人对进场工人进行全面技术交底，做到持证和受教育100%，并多次组织召开安全教育大会，加强工人的安全知识教育。

3）项目部制定了专门的安全应急方案。项目安全管理人员针对可能的突发事故制定应急措施，提供和配备必要的应急资源，如应急药品。强化施工分包和工程监督管理。项目部与各分包单位及班组签订《安全生产管理协议书》和《用电安全管理协议书》，明确总包和分包单位的安全责任，并将责任落实到人，保证了安全。

4）项目严格按照标准要求进行安全防护管理，并针对项目特点制定了一系列安全防护措施加强防护，如为确保拆模过程中不因高空落物伤人，施工单位采取对拆模层水平和竖向的防护，除了挂常规的安全网外，施工单位还挂设粗铁丝网，可严格防止失手滑落的钢管从高处坠落。

六、过程检查及监督

1. 劳务管理目标的实现

1）施工单位项目部在对所有分包方严格管理、监督、检查和控制的前提下，积极主动服务，创造良好的施工作业条件，对所有参建单位进行统一组织和协调，确保整个工程高效有序进行。

2）通过周考评关注质量的变化趋势。通过考评找出工程质量管理存在的问题，采取措施及时纠正。及时控制不合格品，分析产生质量偏差的原因，采取相应的改进措施（如改进施工工艺、更换操作人员、调整管理人员等），整改不合格产品，保证工程质量。

3）施工单位通过对分包方作业人员审核、办出入证等严格控制分包人员的无序流动，保证施工人员的技能和经验在整体上是稳定的。对分包班组长及主要施工人员，按不同专业进行技术、工艺培训，未经培训或培训不合格的分包队伍不允许进场施工。项目责成分包建立责任制，并督促其对各项工作落实。

2. 技术管理目标的实现

项目部按规定施工并及时检查、监测。施工过程中各种因素变化多样，根据施工需要精心修改和完善前期策划，调整时严格按照规范、规定要求，落实施工组织设计的指导性、施工方案的先进性、技术交底的可操作性。

3. 质量管理目标的实现

1）增强全体员工的质量意识是保持调配的操作人员符合要求的重要措施之一。项目部每周开考评会，同时经常组织到获奖单位进行观摩和学习，并邀请鲁班奖专家进行培训和现场指导；做好规范、标准和技术知识的培训工作，促使项目人员的素质不断得到提高，降低人为质量问题发生的几率。

2）质量管理的核心是如何从工艺上降低达到质量标准的难度，因此施工单位对复杂的节点，尤其是安装和装饰施工图均进行了深化设计。通过深化设计确保施工过程一次成优，避免造成返工，在保证质量的同时有效控制成本。对关键工序制定可操作性强的施工工艺，如吊杆施工的杠杆式活动支架、风管采用奇佩支架等。

3）在施工过程中坚持检查上道工序、保障本道工序、服务下道工序，做好自检、互检、交接检；遵循分包自检、总包复检、监理验收的三级检查制度；严格工序放行管理，没有通过验收的工序，不能转入下一个工序。认真做好所有检验试验的相关记录。

4）样板引路。根据前期策划，组织进行样板施工（分项工程样板、工序样板、样板间、样板段、样板墙等），样板工程验收，确认合格后才能进行专项工程的施工。

5）为了有效识别和控制施工质量，施工单位项目部通过检查验收对施工过程及时进行标识。标识表明施工工序所处的阶段或检查、验收的情况，确保施工工序按照策划的要求实现。项目组通过标识确保对关键工序的施工过程具有可追溯性，特别是质量检验和不合格项的返工记录，通过周考评达到有效管理质量风险。

七、工程节能环保及使用情况

1. 节能

采用多孔砖，减轻结构自重、环保节能；屋面、墙面采取保温；万元产值耗电量低于82.6kW·h；施工现场，全部使用节能照明灯具。

2. 节水

酒店内公共区域洗手、小便斗全部使用感应水阀；建立了水资源再利用收集处理系统，冲洗现场机具、设备、车辆用水均使用循环水；万元产值用水量控制在6t以内；生活用水节水器具配置比率达到100%。

3. 节材

使用HRB 400级钢筋；优化钢筋配料和钢构件下料方案；材料消耗比预算定额损耗率降低30%；改进多孔页岩砖的设计，减轻了砖体自重，且方便操作；工地临房、临时围挡材料可重复使用率达70%以上；施工现场实行防护设施工具化、钢构定型化防护棚等。

4. 节地

平面布置分阶段调整，尽量减少临时用地面积，充分利用原有建筑物、构筑物、道路和管线、永久设施等。

5. 环保

本工程产生垃圾量1186.6t，小于每万 m^2 建筑面积小于300t。建筑垃圾回收率100%，建筑垃圾分类回收，处理后再利用，建筑垃圾回收再利用率50%。施工噪声实施动态监测，合理规划施工时间，使用低噪声施工机械；昼间平均约68dB；夜间平均约50dB。采用定时洒水、遮盖等措施控制扬尘，粉尘控制达到现场目测无扬尘。采用节能照明，合理配置照明系统，控制光波污染，达到“零污染”目标，无周边单位或居民投诉。

八、管理效果与评价

本工程的顺利建成，是公司和项目部精心策划、精心组织、精心施工，通过控制施工过程中的关键点，关键工序、狠抓落实的结果。获得社会各界人士的一致好评，施工过程中和竣工后有很多单位组织人到现场进行观摩。从施工到交付使用，无任何质量问题。屋面、外墙、卫生间、管道、地下工程未发现渗漏现象。电气、通风、空调、电梯等设备运转正常。得到社会各界高度赞誉，业主和市民对该工程非常满意，成为常德市最具特色的标志性建筑。

本工程获得3项实用新型专利，1项省级工法，公开发表论文2篇。荣获2014年度中国建筑装饰三十年百项经典工程；被评为2014年度“湖南省新技术应用示范工程”“湖南省绿色施工示范工程”“湖南省安全质量标准化示范工程”“湖南省优质工程”；获得2014年度“常德芷兰杯”。

青岛市重庆路快速路工程创优经验

青岛市政监理咨询有限公司　卢正亮

一、工程概况

青岛市重庆路快速路工程南起雁山立交桥，北至仙山路，全长 15km，贯穿三个行政区，是城区“三纵四横”快速路网骨架最重要一纵，是进出市区和通往机场的一条景观大道和交通要道，沿线地下管线密集，纵横交错，也是市区水、电、气、通信的大动脉。

1. 工程概况

工程包括道路（含人行道和天桥）、管线、交通设施、路灯亮化、绿化景观等。本公司承接的是重庆路综合整治工程（K9+200 以北段）三标段，南起中南世纪城西门南侧中化石油站，北至青岛钢铁有限公司与青岛星电电子有限公司之间，全长 2700m，标准路段双向 10 车道，中央绿化带宽 6m。路面宽 48.5~55.5m，其中车行道 18.5~24m，两侧为 3.5~5m 人行道。本次施工段桩号为：桩号 K12+000—K14+700。工程主要内容包括道路路基、给水、排水、路灯、交通设施、绿化景观、其他专业管线迁改及附属设施。

2. 工程特点

工程的主要内容为道路翻建，局部路段修补罩面；人行道翻建；检查井整治；调整原有路沿石；敷设专业管线等。工程位于市内三区，现场交通不得中断，施工难度大，需协调配合的工作量大。该工程为市区市政道路综合整治项目的样板工程，通过道路综合整治，消除道路现状存在的网裂、碎裂、车辙、坑槽、沉陷等现象，完善道路设施功能，进一步巩固和提高道路整体运行水平和使用质量，以保证所在区域居民的正常出行，要求将此次的各处工程建设成精品工程、示范工程。

因此，本工程的特点是工程情况复杂、工程质量标准高、安全文明及环境保护施工标准要求高、协调任务重。

二、监理工程质量控制工作

本工程处在“青岛市政技术导则”试行阶段，业主对质量要求比较严，监理工程师加大了巡视密度，几乎为全程旁站，针对一些重要问题要及时下发监理通知单，要求施工单位限期整改。监理人员对重要工序进行了全过程旁站，不分白天黑夜、酷暑寒冬坚持在第一线，严格按照规范、导则和设计进行验收，对施工质量管理毫不放松。 一是对于进场材料，半成品等，监理工程师要按照规范要求催促施工单位进行检验，及时上报材料报检单，在施工过程中根据规范要求的抽检频率进行送样抽检，并且形成文字资料。二是在工程的关键部位施工时，监理人员在开工前首先熟悉规范和验收标准，熟悉图纸，并且提前到达旁站位置，检查施工准备工作，旁站施工的全过程。在路面施工时，由于白天车流量较大无法施工，一般都是在夜间施工，全体监理人员轮流值班，保持 24 小时旁站不间断，对施工过程完全真实地做旁站记录。三是把住工序验收评定关，每一道工序施工完毕，由施工单位完成自检后，监理处再进行验收和评定，对不符合质量标准的，及时要求施工单位整改。四是日常的巡视工作，总监、监理组长每天巡视工地，对存在质量隐患的施工工序及时与现场监理工程师沟通，必要时下发监理通知单，使得整个工程在受控下正常运行。

三、监理工程进度控制工作

监理处进场后，要求施工单位尽快编写总进度计划，为保证业主对施工进度的要求，监理处要求施工单位编制了详细的网络进度控制计划，最终通过各方的审核。每周召开工地例会，会上要求施工单位对上周计划和实际完成情况进行对比，明确差距在哪儿，分析进度滞后的原因并采取措施保证施工进度，对于不合理的安排，监理处要求施工单位及时调整施工计划和及时补充现场机械等以满足进度要求。

道路整治工程项目位于市区，不允许封闭施工，施工时间集中在夜间，工作效率低下，且受公交车影响，施工时间有限，施工进度一直落后。在这种艰难的情况下，监理处仍以质量为主，进度为辅，要求施工单位在保证质量的前提下保证进度，同时多次与施工、建设单位及业主沟通希望业主理解和支持。

四、监理工程投资控制工作

进场前期组织人员徒步现场亲自复核工程量，共发现：漏项7大项目，错项3项；并要求施工单位进行图纸工程量复核，发现问题及时和设计、建设单位联系。在工程量确认过程中，各监理工程师严格按照设计和规范要求进行审核，不符合要求的不予确认；在工程量签证过程中严格按照程序办事，对需签证的工程量实地测量，按实签证；在投资控制中，本着对业主和公司负责的态度，对施工单位申报的每一期计量，都仔细审核。遇到与施工单位有争议或有分歧的地方，依据合同及招投标文件约定，据理力争或向现场监理了解实际工程情况，据实上报；在变更工程量过程中，及时和设计、业主沟通，得到同意后方可计量，避免业主受到损失；因本工程工程量清单存在诸多问题，给计量工作带来了巨大的难度，监理处本着对业主负责的态度，对单价不明确的予以扣除，并在例会上多次强调计量事宜。

五、监理工程安全管理工作

进场后组织施工单位进行周边环境评估，和交警对接，确定调流方案等工作，要求各家施工单位编制安全方案，明确安全机构、责任到人并确定了安全巡视制度。通过工地例会和安全专题会议等形式加强全体施工人员和监理人员的安全意识，分项工程开工前在组织技术交底的同时进行安全交底。要求监理人员在施工现场发现安全隐患及时通过安全提示、安全整改通知单等形式要求项目部整改。特别制订了每天进行现场安全检查的制度，对现场存在的问题及时形成巡视记录并限时整改；要求施工单位专职安全员参加，并配备工人，随时发现问题随时解决。

监理处高度重视施工区域的安全和环境保护，并设立专职安全员，每天不间断巡视施工现场，对存在的问题及时下发监理通知单，要求施工单位及时整改，避免安全事故的发生。

组织召开协调会，通过会议、交谈、书面材料、访问、情况介绍等方法，协调业主、施工单位、设计单位、政府部门及其他单位的关系，努力为业主提供优质服务。

六、监理工程合同管理工作

本着为业主服务的态度，监理处一直以施工合同要求施工单位按时保质保量完成合同规定的内容，发现有违背合同的情况及时采取措施避免给业主造成损失。

通过监理处及各方的努力最终圆满顺利地完成了本项目的监理工作，情况如下：

1. 质量方面：验收合格达到鲁班奖要求。
2. 安全方面：零事故。
3. 进度方面：按时竣工。
4. 投资方面：实测实量。

七、监理工程资料管理工作

本工程有个特点就是工程量大，工期短，这样一来每天的工序较多，进而资料也就比较多，针对此事，特根据市政处下发的资料格式下发到各家邮箱，催促其资料与现场同步，监理处随时随地检查施工单位资料确保资料的准确性，避免竣工时资料返工。

监理处对自身资料的管理比较严格，因工程比较分散，监理处共分为三个监理组，总监制定资料定时上交制度，每周五各分管组长将各组资料上报，经资料员整理归档，如发现资料不合格将内部下发通知，通报各小组。实行本办法避免了由于人员调动或其他原因导致资料断档等事情的发生。

监理处为了工作超前，在工程竣工阶段监理处实施了竣工资料检查和复查制度，由监理处安排时间检查各家竣工资料整理情况，检查后形成书面资料并下发通知单，明确需整改的内容，必要时约见施工单位分管领导，制定整改时间，监理处进行复查，如经复查仍未整改监理处将对施工单位进行严肃处理。

八、综合管理

监理处于 2012 年 11 月正式组建，根据招标文件和合同的要求，出色地完成了监理任务。公司各级领导非常重视，为了开拓更大的市场，凸显青岛市政监理公司风采和强大的监理实力，监理处牢记公司的企业文化："守法公正、科学规范，以诚信服务求市场信誉；优质高效、持续改进，以创新管理树企业品牌"，通过全体员工的共同努力，全面实现监理合同目标，树立了青岛市政监理企业形象，特别是公司领导多次视察指导和公司制订的相关规定都进一步规范了监理行为，对提高监理工作水平起到了积极的促进作用。

在工作中，为不断提高监理处人员素质，改进工作方法，总结工作成果，监理处制订了内部学习制度，每周六、周日组织监理部各成员，由各监理员负责授课，这样的学习方式得到了大家的认同，效果显著。

九、监理工作的重点、难点

自监理处成立开始到现在一直在总结着本工程的重点和难点，现总结如下：

1）重点一：铣刨

道路整治工程大部分是铣刨罩面工程，并且对罩面后检查井高差的要求相当高，所以铣刨面的质量尤其重要，进而监理工作应侧重加强对铣刨面的控制，总结以下几点：

（1）首先要进行原地面复测，摸清楚现场的原地貌，制定详细的铣刨方案，为了保证罩面后路面的横坡和纵坡及平整度，所以需明确每一段的铣刨厚度，保证铣刨后的整体质量。

（2）铣刨不能一次到位，分粗铣和精铣，两次都应使用大铣刨机，小铣刨机用来精找检查井周边、路缘石周边和边角。粗铣：找出横坡和纵坡；精铣：确保平整度。

（3）检查井处理，铣刨前必须先将检查井下落，铣刨时和整体一同进行，保证路面铣刨一次成型。

（4）小铣刨机对边角进行精细处理。

监理控制重点：

①监督施工单位进行原地面复测，仔细审核施工单位的铣刨方案，必须充分考虑每一段的铣刨厚度。

②施工过程严格控制施工顺序，分粗铣和精铣，铣刨前必须先将检查井下落，铣刨时和整体一同进行。

③边角处必须使用小铣刨机进行处理。

④铣刨面的验收，合格后方可进行下道工序的施工。

2）重点二：路面及沟槽补强（干硬性二灰）

道路整治存在一个难点就是路面补强和沟槽补强，因交通流较大且不能阻断交通，早上 6 点前必须通车，所以要求补强后立即摊铺沥青，本工程采用干硬性二灰作为基层，基层不需养护，但是对含水量要求比较严格，以控制在 7~9 之间。

监理控制重点：

①补强位置的开挖，注意与老路面的搭接。

②路基和基层压实度控制。因补强面积大小不一，无法使用压路机作业，要求施工单位采用冲击夯夯实，压实度必须达到要求。

③二灰含水量测控。二灰进场首先查看出场

合格证和相应质量证明材料，之后进行含水量测试，达到要求后方可使用。

④沥青混合料施工质量控制。沥青混合料进场首先查看出场合格证和相应质量证明材料，之后进行温度测量，达到要求后方可使用，及时碾压成活儿。

3）重点三：检查井维修

本工程采用了青岛市检查井导则的新技术和新型井盖，材料使用了快硬性C50钢纤维混凝土，并且检查井与路面高差要求控制在 ±5 以内，这是道路整治的难点之一，总结施工经验如下：

（1）铣刨面平整度必须经过验收合格后，方可进行检查井起垫。

（2）检查井高程必须由双线十字叉法进行控制，当遇到群井时要采用群井同时测量的方法。

（3）快硬性C50钢纤维混凝土质量的控制。

监理控制重点：

①严格验收铣刨面平整度。

②检查井开槽深度和开槽宽度验收，检查井定位严格实施：检查井高程采用双线十字叉法进行控制，当遇到群井时要采用群井同时测量的方法，严格控制好检查井标高。

③快硬性C50钢纤维混凝土必须进行配比验证，现场严格按照配比进行施工，因快硬性C50钢纤维混凝土初凝时间较短，所以要做到及时振捣和收面。

④初凝时做好保护，避免车辆的扰动。

4）重点四：异形石

本工程弯道处全部采用异形石，施工难度较大，但是通过生产厂家到现场采取实测实量定数据，根据数据再加工，运输到现场进行安装，得到了较好的效果，经过多次试验，总结施工经验如下：

（1）开工前施工单位和生产厂家要准确测量每个弯道的尺寸，按照尺寸进行加工，但是现场存在一些无法测量的弯道，只能先加工一部分到现场做一个试验段，得到成熟的数据后方可大量生产，避免材料浪费。

（2）有些区段无法确定弯道半径，只能采取现场加工的方法，将稍带弯弧的毛石运到现场，施工人员实地放线将毛石安装成线，对多余处和不圆顺处进行打磨处理。

监理控制重点：

①监督施工单位对现场的弯道进行实测实量，按尺寸加工，要求施工单位做好试验段后再大量生产。

②过程控制，巡视施工人员放线过程，一旦发现问题及时提醒，避免返工。

③严格验收，明确验收标准，验收不合格必须返工，建立好验收制度。

5）重点五：隐蔽式检查井

今年青岛市大面积实施《青岛市城镇技术导则》，人行道上检查井采用了隐蔽式检查井，提升了人行道的整体效果，增强了整体的美感，监理处在隐蔽式检查井施工中体会颇深，现总结如下：

（1）进场后要及时统计人行道检查井的尺寸和格式（考虑检查井和道板模数），及时与厂家联系制作。

（2）监理要与劳务队伍做好技术交底，明确特殊位置的做法，如：坡道处、转角处等。

监理控制重点：

①材料进厂验收，确保材料满足设计要求。

②监督施工单位安装过程，特别重视检查井模数，坡道处检查井位置的选择，比如：利津路人行道板采用300×600（mm）的道板，设计隐形井为900×900（mm），那么隐形井中的道板肯定会存在割板现象，若采用600×600（mm），1200×1200（mm）尺寸的隐形井将避免割板现象，做出来的检查井更加美观。

6）重点六：铺装

人行道铺装在《青岛市城镇技术导则》是一大亮点，技术标准要求相当高，平整度、缝宽、缝的直顺度必须满足设计要求，这就要求施工精度必须要达到室内装修的水平，给施工单位和监理单位带来了相当大的难度，监理处在本项目的监理过程中总结经验如下：

（1）施工前做好技术交底，明确施工内容和技术标准。

（2）严格控制收件报检制定，后续施工以首件为先导，做好实物交底。

（3）控制施工过程，平整度采用双挂线、缝宽使用塞板、缝的直顺度采用拉线控制。

（4）严格要求施工单位报检，当天施工量当天验收，严格控制验收制定。

7）重点七：细部处理

根据青岛人行道技术导则的要求，人行道整治要做到横到边、竖到底，一切以细为主，做到与周边环境相适应，相得益彰，市政管理处根据这个要求特制定了三徒步制度，监理处根据此也制定了"细部处理管理办法"，把细部处理量化，形成有形的管理办法。经过监理部总结，要想做好细部处理，必须做到以下几点：

（1）对施工单位进行教育，加强施工单位对导则的理解深度和认识，使施工单位从思想意识上认识到这是一项很重要的工作。

（2）开工前期组织各方徒步现场，初步制定细部处理范围和处理办法，使施工单位清楚自己的工作内容，立即组织相应人员落实。

（3）施工过程中不断改进细部处理的措施，避免因人为因素产生不必要的浪费，定期组织各方现场徒步。

（4）切实落实细部处理管理办法。

8）重点八：安全检查

道路整治工程集中在市内，车流量和人流量较大，安全工作尤为重要，监理处认为应做好以下几点：

（1）建立安全巡视制度（每天），设立专职监理员进行巡视，要求施工单位必须派专职安全员参加，并配备工人，发现问题及时整改。

（2）做好安全技术交底工作。

十、工作的创新和延伸

1. 监理处根据工程特点，针对监理内部情况，对市政处的三徒步和公司的学习制度做了创新。

创新一：细部处理管理办法

为了加强道路整治细部处理的管理，明确处理部位，保证细部处理满足要求，提高整体施工效果，监理处特制订道路整治细部处理管理办法，具体内容如下：

1）监理处将把各条路细部处理存在的问题拍照编号形成书面材料，建立照片资料库，下发到各家施工单位，并抄报给市政管理处、代建单位。

2）施工单位整改合格后及时报监理处验收，待验收合格后将剔除该部分照片材料，时时更新照片资料库。

3）每周例会监理处将汇报落实情况，直至细部处理全部满足要求。

创新二：内部学习制度的落实

这几年公司一直提倡学习制度，并且也一直致力于此项工作中，公司各级领导也非常重视年轻人的成长，监理处大部分是刚毕业的年轻学生，虽理论知识较强，热情高，但是实践经验和对监理工作的理解深度不够、监理程序不明确、工作内容不清晰、执行力不佳，加之工程进度要求高、强度大，白天没有时间组织学习，现场管理一度遭到业主的不满，针对此情况，王斌总监特制订了内部学习制度：周末晚将大家聚集在一起，以个人讲课为主，大家讨论为辅的方式进行学习。

通过学习后，给每位监理人员明确了工作内容和监理程序，包括各施工工序的控制要点、监理要点，经过一段时间后监理工作有了显著的提升，得到了业主的肯定和公司的支持。

2. 在本工程中业主重点强调监理部要发挥监理的主动性，根据此要求监理部特制订了资料上交制度、竣工资料检查制度，作为监理工作的延伸。

延伸一：资料上交制度

项目总监特要求个监理人员于每周五上交各分管区域的所有资料，包括旁站、联系单、方案审核、工序资料等，个人对个人的资料负责，如出现问题查找责任人，情形严重的进行经济处罚，轻微的给予警告，形成此制度对项目资料管理上有了很大的促进作用，一方面加强了监理内部资料的及时性和准确性。责任到人，调动了监理人员的参与性，发挥个人工作的主动性，减少工作效率低下问题和避免因人员调动而产生资料断档，无从追溯等现象的发生；同时也使监理人员负起了相应的责任，必然会主动催促施工单位的资料跟上施工进度，使资料及时准确，避免施工单位资料滞后现象的发生，实施了此办法后，充分发挥了监理的主动性，项目资料管理有很大的改善。

延伸二：各分项工程开工前的监理交底制度

因各家施工单位综合素质有限，对导则和规范理解的深度也不同，为了规范施工秩序，多数工程都是做一份开工前的技术交底（质量和安全一起），但是效果不佳，针对此情况监理处特制定了分项工程开工前的监理交底制度，对交底工作作了一项延伸，此交底分为技术交底和安全交底，在开工前，给施工单位下发技术交底和安全交底，一是确定报检报验制度，使施工单位清楚如何报检，严格报检报验制度并且明确施工质量标准；二是要求施工单位做好安全文明施工，明确现场危险源及处置措施。

延伸三：竣工资料检查制度

在本工程竣工阶段，业主对竣工和移交要求的时间比较短，监理部一改之前工程的竣工资料验收程序，发挥监理部的主动性，给各家施工单位制定检查时间，监理部专门组成检查小组，按照时间安排准时到各家施工单位进行检查资料，现场形成书面通知单下发并明确整改时限，监理部按时进行复查，由各家项目经理签收。

实行此制度，是对工程竣工资料验收的一个延伸，监理部主动检查，避免因施工单位不积极而造成竣工资料整理进度滞后。

延伸四：实物交底制度

业主从今年开始大力推行首件报检制度，更好地控制了施工质量，监理处根据此精神，制订延伸出了实物交底制度，即每分项工程开始前首件通过后，将此段作为实物进行交底，交底对象为施工单位的劳务人员。

十一、对道路整治的建议

作为本工程的监理单位，本着对工程负责的态度，为下步工作能顺利进行，这里提一些建议：

1. 沟槽补强加大尺寸，使用大型压路机碾压

沟槽沉陷是市政工程的一个通病，主要问题在回填材料的压实度上。施工后，监理部建议沟槽补强时加大沟槽断面尺寸到 2.5m 以上，采用大型压路机进行碾压，可以避免沟槽因压实度不足而产生下沉。

2. 再生石改变尺寸

本着节约能源的原则，今年延安路采用了再生材料即再生石，提升了本工程的环保理念，增加了公信力。但是在施工过程中监理处发现再生石在生产过程中存在一个技术上的问题，就是单板存在两端起翘的问题，这是机械生产过程中造成的误差，生产再生石的机械传输使用橡胶带，传输过程中易变形，经过多次调试效果不佳，所以监理处总结如果想避免单板两端起翘的问题，那么就得缩小再生石的尺寸，从而减少板地翘起。

3. 改变隐蔽式检查井形式

道路整治工程人行道检查井采用新技术：隐蔽式检查井，非常美观，视线较好，但是存在一个问题：不好开启。多家单位反映人行道上的隐蔽检查井无法开启，经监理处研究主要问题是隐蔽式检查井的开启位置设置不合理，开启位置设置在检查井两端角处，开启时易变形，稳定性不佳。监理处建议：一是将开启位置设置在检查井的四个直角边并且开启装置和井盖形成一体，加大牢固性。二是改变开启形式，例如做成两部分，分别开启，方便维护操作。

4. 改变铣刨方式

铣刨不能一次到位，分粗铣和精铣，两次都应使用大铣刨机，小铣刨机用来精找检查井周边、路缘石周边和边角。这样才能保证铣刨面的平整度，确保后续工作的顺利进行。

5. 设计出具明确的细部处理办法

道路整治工程涉及周边商铺顺接，本工程采取的办法是各参建方徒步现象制定处置办法，但是需要消耗大量时间，如果施工单位上传下达不到位，就会发生脱节现象，所以监理处建议设计应将细部处理明确在图纸上。

柳铁中心医院1#住院大楼工作总结

湖南湖大建设监理有限公司　邓为民

一、工程概况

柳铁中心医院 1# 住院大楼工程建筑面积 4.3 万 m^2，工程造价 2.2 亿。建筑檐高 86.2m^2，地上 22 层，地下 1 层。工程耐火等级一级，七度抗震设防。

二、作好工程质量保护神

工程监理是受业主委托，代替业主管理工程，具体任务就是对施工方进行质量控制、进度控制、投资控制、合同管理、信息管理、安全管理以及协调业主和施工单位之间的关系。为了配合承建单位创"鲁班奖"，湖南湖大建设监理有限公司广西分公司派出具有良好职业综合素质，熟悉国家相关施工标准和监理规范，掌握工程建设监理技术、建筑工程施工技术、施工组织与管理技术和施工安全技术，能胜任工程监理岗位工作的高级技术技能的监理人员，参与工程项目的监理，作好工程质量的保护神。

一以贯之，公司把创优争先作为考核的重要指标，采用物质和荣誉奖励，配套必要的处罚措施，营造公司全体员工创优争先、力争上游的文化氛围。同时，定期进行指导和巡视，并在公司例会、项目学习、公司培训等日常管理中，不断强化创优目标。通过季度、年底考核，引导督促项目创优，使得有限的人力资源不断提升优化，配置不断完备。

为适应医院建设的特殊性，即专业、分包众多的特点，公司根据招投标文件要求及人力资源情况，按照土建、安装、装饰、医疗等专业，根据项目招标节点，分阶段选派经验丰富、责任心强的各专业人员进驻。组成了以分公司总工为总监，组建包含总监代表，土建、安装、装饰等专业监理工程师，信息资料员及监理员的项目组织架构，形成了专业技术能力强、职责分工明确、老中青结合的监理团队，为项目实施提供了强有力的组织保障。

三、精心策划创优质工程

项目开工伊始，总包单位明确争创鲁班奖目标，公司监理部根据项目合同文件及鲁班奖目标，按不同阶段编制《项目前期监理规划》、《项目实施阶段监理规划》等文件。根据《规划》和项目特点，先后编制了《基坑监理实施细则》、《人工挖孔桩监理实施细则》、《钢筋混凝土监理实施细则》等 15 个各项监理实施细则质量控制文件。同时还编制了《监理旁站方案》、《监理安全实施方案》、《节能监理方案》等其他方面控制文件。

编制规划、细则、方案，不但为监理工作的开展起到指导作用，同时也是项目成员熟悉项目内容、提高自身能力的过程，熟悉文件的编制、审核、交底、审批到实施的过程，使得工程项目从蓝图到实体的每个步骤清晰明了，并具有操作性。每个监理人员根据不同岗位和职责范围，清楚地知道在什么阶段应该做什么、怎么做，精心的策划是项目成功的必要前提。

良好的策划必须有严格的执行才能实现。策划是前提，良好执行才是关键。项目的执行关键在管理层，执行的难点在操作层。

操作作业层，按照惯例属于施工方管理的层面，不属于监理单位管控的层面。为了项目创优的实施，经监理方建议，除建设单位、使用单位、总包、分包单位外，要求项目作业层、劳务层主要负责人参加监理例会、项目专题会议。一方面避免劳务作业层与管理脱节，更好地落实管理层意图。另一方面提升了劳务作业层的地位，增强其“主人翁”意识。使得质量管理“全员参与”的理念得以实现，使“管理—实施”融为一体。

四、坚持样板引路重细节

为了确保工程质量，公司坚持样板引路。所有材料进场报验，必须经过监理审批，建设单位、使用单位批准。重要的材料要求设计单位人员共同确定品牌、规格、颜色后，进行留样封存。每批次进场对比，留样确认后同意进场，严禁不合格材料进场。各分部工程特别是装饰、安装工程，一律要求先做样板。各方对样板提出建议意见，根据意见修改后再全面铺开。使作业层清楚地知道怎么做，如何做才能达到要求。避免大面积返工，提高一次成活率。

另外，公司项目部对不合格产品坚持采用书面及影视、照片的方式留下记录，作为监理通知和会议的附件，使质量安全得到较好的执行。此外，鼓励总包、分部单位对作业层进行分级定价管理，制定必要奖罚措施，提高劳务作业队伍的积极性，对不听指挥、屡教不改的坚决清退出场，提高了执行力。

细节是成败的关键，因为细节不但决定了最终观感质量效果，甚至也影响工程的整体质量安全。

2010 年 7 月基坑施工阶段，基坑北面距离医院原住院平房（现列为柳州市历史文物）规划要求为 5m，原建筑为丁字形，撤除后为一字形。院方由于住院人员较多，丁字突出部分没有撤除完毕，该公司多次提醒院方搬出突出建筑部分病人。正值汛期来临，基坑成型后，变形位移均在控制范围。但是丁字突出部分由于距离基坑不足 5m 且基础较浅，形成了裂缝，该公司紧急下达通知院方安排撤离并尽快安排撤除工作，避免了质量安全隐患，确保了柳州市历史文物安全。

公司还针对主体项目采用弧形外立面、卫生间多、精装修材料品类颜色多、采用超高石材幕墙、室内公共部位管线集中、专业科室专业分包较多的特点，采取针对性监理措施，确保各项监理项目达到规范标准。

五、加强沟通协调构和谐

和谐的项目管理团队是工程创优的重要组织保障，特别是涉及总包、众多分包单位和建设使用单位利益有别时，和谐更显得重要。项目自 2010 年 9 月开工至 2013 年 12 月竣工，跨越三年多时间，期间分包队伍众多，总承包单位广西壮族自治区冶金建设公司负责土建、消防、空调、低压配电系统、二次装修、水源热泵空调供、回水系统等，其他电梯，手术室、ICU、CCU 采购及安装，直饮水，供氧、呼叫系统，强电，轨道物流，新生儿科装饰，人防施工等均为不同专业分包单位。监理部针对专业分包众多的情况，从确保质量工程总体出发，对各专业分包进行了大量的协调工作，确保每个专业分包单位进场施工前，与建设使用单位、总包单位召开见面会，介绍分包施工内容，明确总包、分包质量安全责任划分，强调质量创优计划，要求专业分包纳入总包管理。

要求专业分包单位参与监理例会，解决专业分包、总包遇到的日常问题，特殊情况召开专业分包、总包专题会议，解决管理、施工接口问题，特别是手术室、ICU、CCU 采购及安装专业分包与总包空调接口；轨道物流、电梯专业分包与总包土建接口；其他专业分包水、电接、土建接口等部分，召开多次会议进行协调，使得项目整体和谐推进，确保工程整体质量。

本项目在项目实施创优的过程中，离不开建设主管部门、建设使用单位、设计单位和其他上级部门良好的服务和大力支持，如创优目标确立后，市建委、质安处多次召开创优工作动员会议，鼓励总包单位积极创优，要求建设使用、设计、监理单位配合创优的总体部署。项目实施过程中，建设使用单位、设计单位及各方良好配合，为创优工程打下良好的社会环境基础，使得本项目创优得以实现，对柳州市房屋建筑工程起到示范作用。

浅谈项目群管理在监理工作中的应用

上海建科工程咨询有限公司　韩士道　周丽杰

摘　要： 住房和城乡建设部提出完善工程监理制度的改革，个别省市提出取消强制监理制度的试点方案，给监理行业造成了巨大的冲击。在扩展新的行业领域的同时对现有的管理模式进行革新。提出项目群的管理模式来应对日益激烈的市场竞争。

关键词： 监理制度改革　竞争日趋激烈　项目群管理模式

一、引言

国家住房和城乡建设部《关于推进建筑业发展和改革若干意见》（建市【2014】92号）提出要“进一步完善工程监理制度”。个别省市提出取消强制监理制度的试点方案，给监理行业造成了巨大的冲击。此外，建设工程监理费用政府指导价的取消，导致监理行业的竞争也将进一步加剧。

面对人员成本不断攀升，监理取费不断下降，监理行业利润临近冰点的情况，监理企业必须在拓展新的行业领域的同时不断对现有的管理模式进行革新以应对多变的市场。

为了企业的持续、稳定发展，本公司在项目管理方面提出了“项目群”的管理思路。在一定范围内进行了试点后，取得了较好的成效。下面本人将就本公司“项目群”管理的一些经验进行介绍，以供大家借鉴。

二、项目群的定义

“项目群”管理不是摈弃原有的监理项目管理模式，而是在此基础上将一定范围内类似的监理项目进行整合，按照“资源共享”的原则对项目群内人力资源、设备资源以及其他资源进行统筹管理，并统一群内所有项目的管理制度、工作要求等。项目群应设置总协调人员（一般由公司领导兼任），该协调人员可在不违背公司基本管理制度的前提下结合项目群的实际情况统筹组织、督促群内各项目日常工作的开展。

项目群管理模式与传统的单项目管理模式的最大区别就在于：项目群将公司范围内类似的工程项目划归统一管理，由于各项目之间不管是从特点难点、人员需求等方面基本类似，彼此之间的交流、支撑以及协调更容易形成，这不但会使各种资源得到最大程度的优化，更为重要的是容易打造一支专业化水平更高，团队协作能力更强的队伍。而这正是现阶段，监理企业降低成本、提升竞争力所迫切需要的。

三、项目群管理的作用

项目群管理的出现是对传统单项目管理模式不断总结后的进化，表面上看它仅仅是将原有的“公司—项目”的管理层级变更为“公司—项目群—项目”，而这种管理层级上的微调，可以产生以下作用和效果：

1. 可以有效控制或降低人员成本

在项目群管理模式下，由于群内

各项目特点、人员、资源需求基本相同，加之群内资源相对固定，所以任何项目人员及资源在变换至群内其他项目部后，都可以在短时间内将其作用发挥至峰值。而最为重要的资源——各专业技术人员由于经历过多个项目的历练，综合能力也会大幅提升，会较传统单项目管理模式发挥更大的作用。以上因素综合的结果是：同样的资源可以发挥出更大的作用，反言之同样的工作所耗费的资源可以大幅降低。对于企业来讲，资源利用率的提升就是利润的提升。

2. 可以大幅提升人员的专业水平

项目群基本模式是将大片区划为小片区进行管理。对于群内各专业人员来说，由于片区的缩小又加之流动范围相对固定，彼此之间的交流和沟通和机会将会大大增加。同时经过多个类似工程的摸索和锻炼，每个人都会总结出各自的一套能够有效应用于类似工程实际的经验和心得，专业水平的提升也体现于此。如果项目群管理者再通过各种方式将这些经验、心得收集汇总、提炼的话，就会形成一套能够快速、有效应用于群项目的指导性文件。

3. 增进人员的默契感和团队的协助意识

个人认为：监理工作能否顺利、成功开展的关键因素为团队默契和协作程度的高低。大部分团队不和谐、不团结的主要原因在于团队成员彼此之间的了解、沟通程度不足，而这些都需要时间去解决。俗语说得好“日久见人心”。在传统的管理模式下，每个项目团队的人员是相对固定的，虽同属于一个公司，但各项目人员之间的交流沟通机会不多。在项目群管理模式下可以较好地解决这个问题，群内人员的相对固定就增加了彼此间交流、沟通的机会，增进了相互之间的了解程度。再加之项目团队领导的协调、引导，这样的团队就会因彼此的理解和信任而始终保持较高的“战斗力”！

4. 可及时有效应对人员的变化

建筑行业人员流动性较大已是不争的事实。而平均工资偏低的监理行业更是如此。一旦项目人员尤其是关键岗位人员出现变动，新人员即使能够及时补充到位，也会对监理工作的正常开展造成不小的影响。

而在项目群管理模式下，由于群内各项目人员之间的沟通交流大大增加，各项目之间的熟悉、了解程度已不单单限于工程概况。故此，一旦群内某项目人员出现变动急需新的人员补充到位时，不但补充人员的可选范围大大增加，同时补充到位人员仅需要短暂的适应即可融入项目团队。这不但利于监理工作的开展，在其他参建单位尤其是建设单位心目中这也是监理企业实力的体现。

四、项目群管理的措施

任何事物的存在都有两面性，项目群管理也一样。虽然通过项目群管理可以达到上述的管理效果，但是同样也要说明的是，推行项目群管理会在一定程度上增加项目群内部人力资源管理的难度，增加各项目成本核算的复杂性。对此，在推行项目群管理之前，应当针对项目群的实际情况制定相对应的措施，以其来保证项目群实施的效果，弱化项目群管理的弊端。下面本人就我公司推行项目群管理的措施进行简单介绍，以供兄弟单位参考：

1. 项目群区域的划分要合理

在进行项目群管理前，应根据各自的实际情况，包括但不限于项目的分布、项目特点、人员组织构成、成本控制等多方面进行综合的分析，最终确定一个合理的“群”管理范围。不合理的“项目群”划分不但不会促进项目的管理，反而会增加项目部层面的管理难度，会造成项目管理工作处于无序状态，甚至会增加各项目部总监的抵触和排斥心理，

最终使项目群管理的良好初衷付之东流，甚至起到反作用。

2. 制定统一的人员管理考核制度

实行项目群管理后，项目人员的流动性加大，各项目对人员的监管难度增大，如不能对项目人员采取有效的监管、考核措施，就会出现个别人员人浮于事，出工不出力的现象。对此，可通过制定统一格式的监理个人日记、个人周报、月报，以及定期的考核检查制度加强对项目人员的管理。上述举措除了可以加强对人员的管理外，还可以为项目群“问题库”、指导性文件的形成提供第一手的素材。

3. 定期组织人员交流培训

虽说项目群内各项目的工程类型基本相似，但各自还是具备自己独有的特点和难点，而对这些特点、难点的分析、处理、应对过程正是项目人员综合水平及实力的提升点。为了更好地达到以点带面，交叉互补，共同提升的目的，要求项目群管理者在日常总结、积累的基础上定期组织各人员进行交流和培训。交流和培训可以以某个工程或某个专业工程为实例，先通过统一的讲解、分析，而后提出工程实例中所遇到的特点、难点问题，再由参与培训、交流的人员进行分组讨论、分析。通过这种针对性强，贴近工程实际的培训和交流，更容易使项目人员能够接受，也能够自愿、自主地参与其中，最为重要的是通过此种方式的培训和交流可以快速地提升人员的综合水平。

4. 根据项目群实际，形成指导性文件

由于项目群的管理初衷是为了整合区域资源，提升工作效率。同时项目群的划分也考虑了所包含项目基本类似的特点。故此，从提升工作效率，提升监理管理水平的角度出发，项目群管理者可牵头组织人员针对工程实际形成各专业的指导性文件。指导性文件中应明确群工程的特点、难点；监理的控制程序、要求以及监管过程中容易出现的问题及应对措施；还有监理在监管过程中应完成的指定动作（巡视、旁站、内业资料、影响资料等）。包含上述内容的指导性文件不但是监理工作的总结的延续，更重要的是这种针对性强的指导性文件会大大减少监理工作开展的盲区，降低监理工作的失误，同时由于监理工作规范性的进一步提高，也会对监理对外形象的提升起到较大的作用。

5. 过程收集，形成项目群问题库

在监理工作过程中，由于业主的理念，施工单位的水平，外部因素的干扰等诸多情况，监理工作的开展会遇到各种不同的问题。在以往的管理模式中，各项目均各自为战，在所遇到问题解决后，因问题解决而受益（技术水平、管理能力提升等）的人员范围很小，基本局限于本项目人员，这在一定程度是资源的较大浪费。而实行项目群管理后，项目群管理者可以组织各项目将各自在技术、管理、对外协调上遇到的问题以及解决方式采用统一的形式进行记录，并安排专人定期进行收集汇总，最终形成项目群问题库。问题库的形成，不但是项目开展过程中遇到问题的总结和回顾，更重要的是经过汇总、提炼的问题库针对性较高，应对措施是诸多人员的技术、管理、协调能力的综合体现，这对以后类似工程的借鉴意义可想而知。

五、结语

总而言之，项目群管理是当下监理企业应对日益缩小的市场环境，更过严格的监管环境以及日益提升的各类成本的一种方式，虽然在我公司试行的过程中取得了一定的成效，但要取得更大的成效，还需要在后续的推行过程中，不断摸索、分析、总结。同时，我们还会积极向兄弟单位学习、取经，将其优秀的管理经验和管理水平融合到项目群管理当中。我坚信，通过项目群管理模式的探索和总结，项目群管理模式逐渐会成为监理企业应对当前困境的一种重要手段。

基于BIM技术的变电站工程建设过程精细化管理

广东创成建设监理咨询有限公司　高来先　张　帆　黄伟文　李佳祺

摘　要： 本文基于BIM技术对变电站特殊地质情况进行三维模拟，制定合适的桩基施工方案；基于BIM技术对甲供设备材料进行跟踪管理，合理编排到货计划；基于BIM技术对进出施工现场的人员进行管理，对施工人员信息进行统计分析，从而转化为对施工现场安全、进度的有效控制，基本实现了基于BIM技术的变电站工程建设过程精细化管理。利用BIM技术优化传统变电站工程建设过程管理模式，为精细化管理探索一种新型、高效、科学的手段。

关键词： BIM技术　工程建设　精细化　管理

BIM 技术作为一种工程建设全生命周期的信息管理技术，促进了工程建设领域的又一次革命，也使工程建设领域的工作方式和工作思路发生了变革性的改变。我们尝试将 BIM 技术应用到变电站工程建设过程的管理中，以实现基于 BIM 技术的变电站工程建设过程的精细化管理。

某在建 110kV 变电站的设计为典型的 110kV 全户内站，综合楼为 5 层建筑（地上 4 层、地下 1 层），总建筑面积 3044m^2，地下层为电缆层，首层设置主变室，二层设置主控制室、GIS 室等。

为实现基于 BIM 技术的变电站工程建设过程的精细化管理，公司成立了 BIM 技术应用团队，搭建了以云端数据储存系统为支撑的多用户协同管理平台。BIM 技术应用团队由公司 BIM 中心、建模组、模型维护组、现场应用组组成，在变电站开工之前，BIM 技术应用团队根据该站各专业的 CAD 图纸建立其相应专业的 BIM 模型，组合成全专业模型，同时在已审核的施工进度计划的基础上编写 WBS 工作分解结构，收集人员、设备材料等信息，导入搭建完成的 BIM 应用平台，为该工程建设过程中基于 BIM 技术的精细化管理做准备。

一、基于BIM技术的地质模拟

该变电站地质特殊，根据地质勘察报告，地下存在较多大小不一的溶洞，而且溶洞位置较为零散，这给现场施工管理人员制定桩基施工方案带来了较大的困难。BIM 技术应用团队根据地质勘查报告，对变电站的地质岩层进行三维建模（见图 1），通过三维模型把各岩层

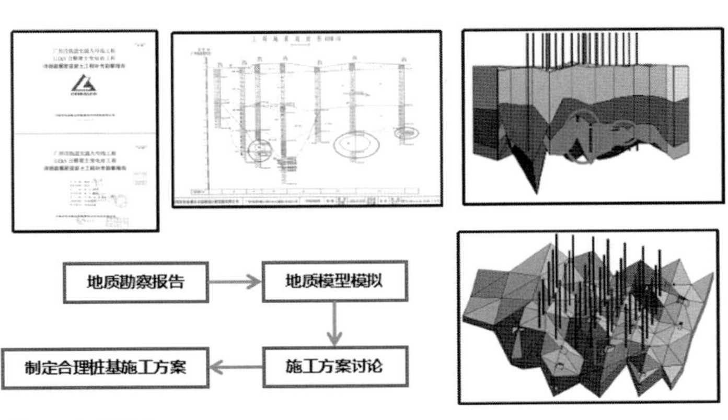

图1　地质模拟

的地质体和构造形态完全展现出来，溶洞的大小和位置一览无遗，清晰准确。参建各方根据三维模型，在桩基工程施工方案专题研讨会上进行了充分的讨论，对原施工方案存在的问题进行分析，做出合理调整。

通过地质模拟，可以确保每一根灌注桩在进入持力层的过程中避免遇上溶洞；并且可以对桩较近范围的溶洞进行分析，是否需要对存在扩大风险的溶洞及时进行混凝土灌注。

通过这次基于BIM技术的地质模拟，我们体会到这种技术使业主、监理、设计、施工人员之间的沟通交流方便直观，更通畅，对问题的理解更精确、准确，而且各参建方都可以参与到制定和审核施工方案的过程来，效果更加明显，效率更高。

二、基于BIM技术的设备材料管理

电力工程属设备密集型工程，对于设备材料的管理一直是建设单位非常重视的工作。对于本工程，BIM技术应用团队针对甲供设备材料的实际状态进行管理，实现了基于BIM技术的设备材料跟踪、管理。

BIM技术团队应用BIM平台，建立统一编码规则，针对模型生成对应的二维码信息，由设备材料供应商打印成二维码图片，出厂前由供应商粘贴在设备材料上，在其出厂、入库、出库、安装时分别进行扫码，实现甲供设备材料的数字化管理，形成可追溯管理体系。同时，对应的二维码信息也赋予在BIM模型中，各参建方通过BIM应用平台快速查找设备材料信息，随时跟踪设备材料的动态（见图2）。而且甲供设备材料能够基于WBS与模型关联，系统自动生成设备材料到货计划，及时通知设备材料厂家发货（见图3）。设备材料到货时间变得更加合理，一方面减少了因设备材料到货延迟而导致工期滞后的情况，另一方面合理的到货计划可以便于施工单位规划现场设备材料堆放区域。

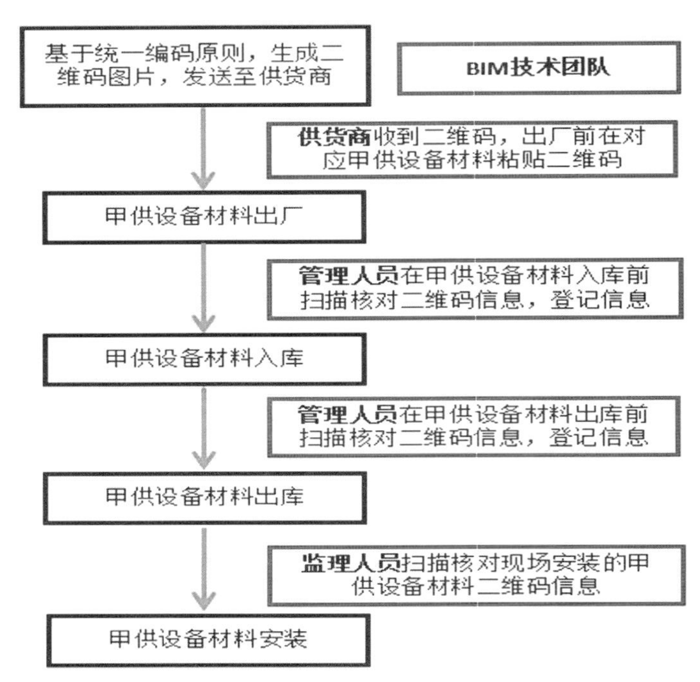

图2　甲供设备材料信息跟踪流程图

图3　物料基本属性与到货计划查询

三、基于BIM技术的人员管理

应用BIM技术规范管理工程人员，本工程设置了门禁系统，BIM技术应用团队将BIM平台关联门禁系统，在施工现场实现安全管控。本工程的门禁具备两道防线管控进入施工现场的人员。

第一道防线：只有符合条件的才会被选取进入施工现场。如施工单位现场施工人员必须经过相应安全培训教育和考核，特殊工种还需要有相应的上岗证书，BIM 技术将这些施工人员工种、身份证、资质文件、是否受过安全教育等信息录入 BIM 平台，通过监理审核，这些人员才是符合条件的人员，只有符合条件的才会被选取进入施工现场。

第二道防线：门禁系统通过 VPN 内网关联 BIM 应用平台，在施工人员通过门禁时，必须是派工单内所指派的成员（通过第一道防线的符合条件的人员）使用他们自己对应的 IC 卡方可以进入，此举既限制了闲杂人等无法随意进入施工现场，也让没被指派施工的施工人员不能随意进入施工现场。透过这种模式最大程度减少人在安全风险中的不可控。

在实施过程中，门禁系统实时把进出现场的人员信息反馈至 BIM 平台，BIM 平台进行分析统计，汇总施工人员进出记录、出勤情况等（见图 4），基于统计数据延伸至利用 BIM 平台实现进度管控。在施工前，通过 4D 施工模拟以可视化的方式展示施工进度计划，BIM 团队可以直观审核施工单位编排计划的合理性，及时发现工序与工作面是否存在冲突等问题，审核施工单位根据工作量安排施工人员的合理性。在施工过程中，利用 4D 施工模拟展示当前进度计划和实际进度情况对比，在工程协调会上清晰展示施工进度情况，针对滞后工序的原因进行分析讨论，包括分析人员出勤情况和上岗情况，设备材料到货情况，然后针对滞后原因要求施工单位合理安排施工资源，调整施工计划，确保工程按时完成（见图 5）。

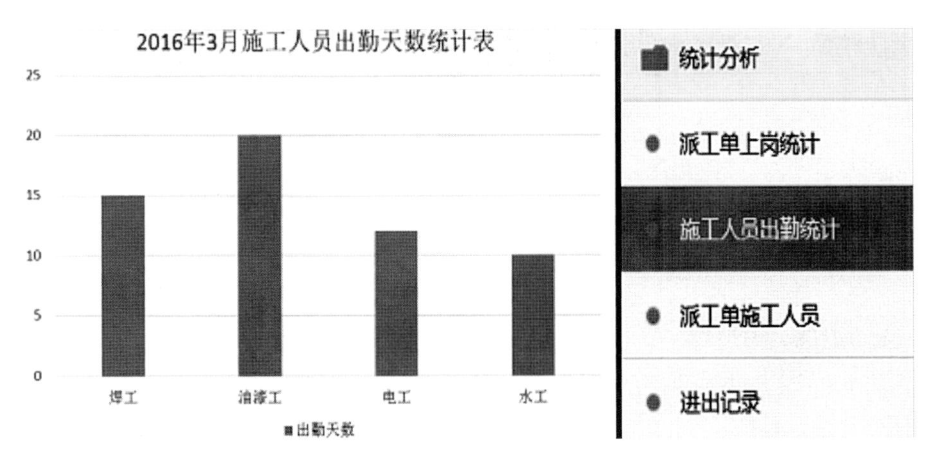

图4　施工人员出勤情况

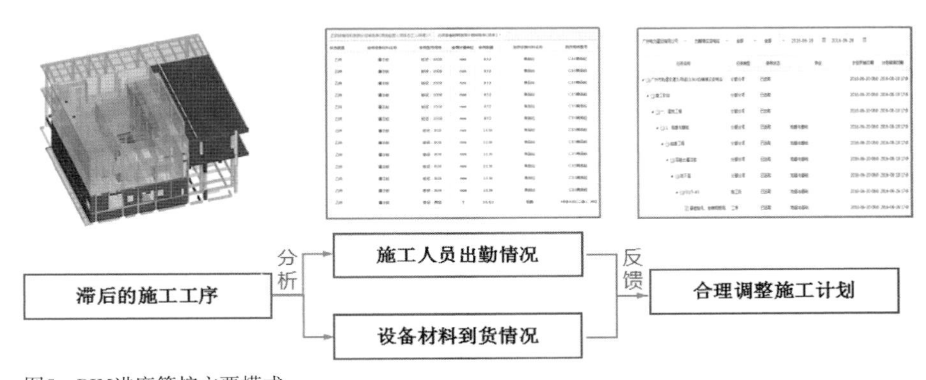

图5　BIM进度管控主要模式

四、展望

该 110kV 变电站项目以 BIM 平台为基础进行了工程建设过程的精细化管理，取得了一定的效益和效果，但是从整体上来看，还有许多的工作要做。通过实际工程的探索，也让我们比较深刻认识到 BIM 技术应用过程中的重点和难点，也克服了不少的困难，包括 BIM 技术操作困难，与传统工程管理方式未能很好融合等问题[8]。但无可否认的是，BIM 技术在工程上全面应用是未来发展的趋势所在，只有各参建方真正认可这种技术，在实践中探索，在应用中互相支持和交流，才能促使 BIM 技术得到更好的发展，才能让 BIM 技术体现其真正的价值。

我们认为，在工程建设精细化管理过程中所积累的信息成果，可以通过 BIM 模型移交至运维，记录在 BIM 模型中的工程信息有助于运维阶段的设施维护，减少传统管理模式存在的信息孤岛现象，真正地实现项目的全生命周期管理。

钻孔灌注桩监理工作内容与控制措施

浙江江南工程管理股份有限公司　黄程龙

摘　要： 钻孔灌注桩工艺方法诸多，监理工程师应根据工艺、机械、地质等因素存在的差异性进行针对性质量控制工作，明确并掌握桩基施工质量主控点是监理人员进行现场管理的先决条件，如实签认施工控制资料、记录监理过程资料，完善监理工作。

关键词： 钻孔灌注桩　正循环回转钻　旋挖钻　中风化

新港雅居三期安置房项目为旗山枫景项目中的打包项目，可视为其中的一个标段。设计桩基为扩底钻孔灌注桩，项目自开工之日起，经历近 3 个月的设计变更及工艺摸索后，于 2014 年 9 月使用旋挖钻机 + 套管成孔工艺大面积施工，在 2014 年 12 月施工完毕。笔者全程参与桩基施工质量控制验收，亲力亲为完善监理资料，事后回顾施工监理过程，形成工作体会。

一、桩基介绍及工艺种类

1. 桩基概况

桩基概况　表1

幢号(#楼)	桩径（mm）	单桩承载力特征值（kN）	入岩深度(m)	桩端扩大头直径D(mm)
1	700	3100	1.5	1400
2		3100		
3		3300		
4		3300		
5		3300		
6		3100		
7		3100		
8		3100		
9		3100		
10		3100		
11		3100		
12		3100		
13		3100		
地下室	600	1500		1000
	700	3100		1400
	800	4000		1600

经调查，由于巢湖周边无采用钻孔扩底灌注桩的类似建筑工程，设计单位在广州有过一次采用此类桩基设计的案例，且现场试桩显示，专用扩大钻头在持力层扩底失败，于是各责任主体达成一致，设计单位进行变更，在取消扩底工艺的同时增加桩基入岩深度（桩径为 600mm 的桩基入岩深度不小于 3m，桩径为 700mm、800mm 的桩基入岩深度不小于 4m），确保桩基竖向抗压承载力及桩身完整性符合要求。

2. 项目地质情况

本项目由于原始地貌为农耕田地，

项目地质情况　表2

地形地貌	根据浙江华汇岩土勘测有限公司提供的岩土工程勘察报告，项目地形起伏不大，属于江淮波状平原地貌
地质特征	第①层：黏土局部为粉质黏土，灰黄色、灰色，可塑，切面光泽，该层层厚0.50～2.60m，均匀分布
	第②层：淤泥质粉质黏土，灰色，流塑，该层层厚0.70～9.60m，基本均匀分布
	第③层：淤泥质粉质黏土，局部为淤泥或淤泥粉黏土，灰色，流塑局部含少量粉土团块，该层层厚1.0～8.30m，局部分布
	第④–1层：粉质黏土局部为黏土，青绿色，可塑局部硬塑，该层层厚0.40～3.70m，局部分布
	第④–2层：黏土局部为粉质黏土，黄褐色，可塑，局部硬塑、坚硬，该层层厚0.60～9.80m，基本均匀分布
	第⑤–1层：全风化泥质粉砂岩，灰黄色，该层层厚0.60～4.80m，局部有揭穿
	第⑤–2层：强风化泥质粉砂岩，灰黄色，该层揭穿层厚0.30～4.90m，大部分孔有揭露
	第⑤–3层：中风化泥质粉砂岩，灰黄、灰红色，最大揭露层厚7.10m
桩基类型	钻孔灌注桩
持力层选择	桩端最终持力层为第⑤–3层：中风化泥质粉砂岩，桩端进入持力层不小于3~4m

地表有河流穿越，所以淤泥层较厚，成孔过程中护壁工作艰巨。地形地貌详见表2。

3. 工艺选择

鉴于前期诸多试桩，本项目除各单体塔吊桩采用泥浆护壁＋正循环回转钻机施工外，工程桩全部采用钢护筒护壁＋旋挖钻机施工。

二、施工流程

根据经过监理审核批准的专项施工方案，正循环回转成孔、旋挖成孔工艺分别见表3、表4。

正循环回转钻成孔工序　表3

施工工序	经验总结
开挖泥浆池	泥浆制备关键在于膨润土、火碱等材料的配合量，为达到护壁的效果，有必要加大检测比重、黏度的频率
水泵水管安装	水泵工况、水管质量是关键，确保泥浆入孔的泵送力
桩位放样	桩位的确定多数采用电子全站仪实现，经过现场复核，放样精确度较高
埋设护筒	确保护筒周围土方不会坍塌
钻机就位	确保钻杆竖直、钻机不偏斜，钻头、钻杆纵向中心线、桩位在同一条直线上
边钻进边泵送泥浆护壁	根据实际情况检测泥浆比重、黏度，确保护壁效果
岩样判定	根据钻进速度及岩样判定是否入岩
成孔	桩孔倾斜度是比较难控制的项目，尽管多数钻机自带水准仪，但是考虑到钻进过程中钻头削岩不可避免产生晃动，而且由于护筒长度有限，使得桩孔竖直度很难保证
清孔	保证清孔时间，检测孔底沉渣厚度
下放钢筋笼	验收钢筋笼，保证主控项目（主筋间距、长度）合格，一般项目（箍筋间距、加密区长度等）多数符合要求；保护层、钢筋笼倾斜度需要控制
下放导管	确保导管底部距桩孔底30~50cm，如此可保证混凝土灌注连续性及质量
二次清孔	主要检查孔底沉渣，根据设计及规范控制在5cm以内，该指标实现可行性较低
混凝土灌注	检查配合比、初灌量、坍落度，督促试块留置
取出导管、护筒	在保证超灌度后取出导管、护筒
成桩	桩孔覆盖防护

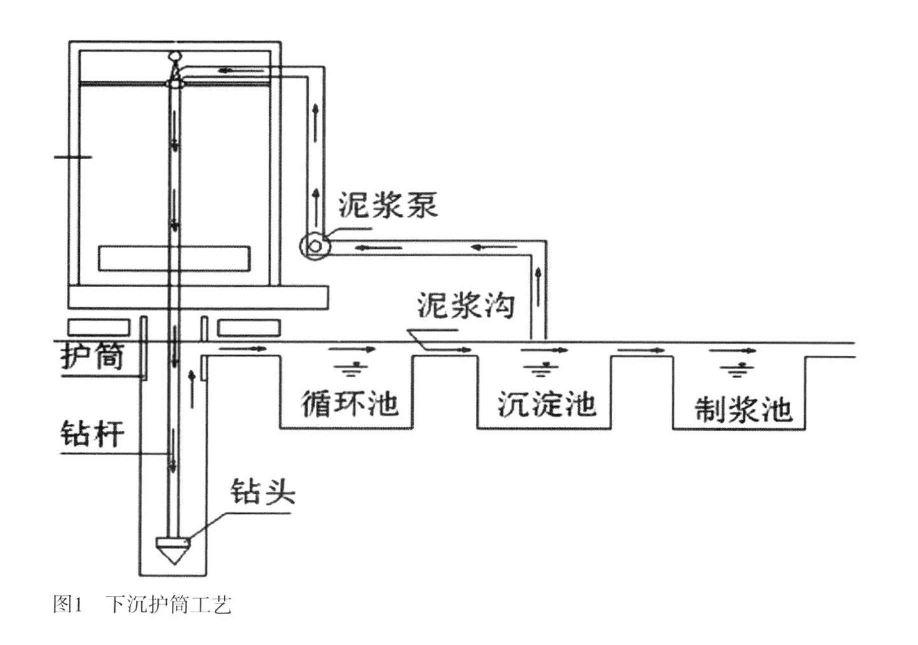

图1 下沉护筒工艺

旋挖钻成孔工序 表4

施工工序	经验总结
桩位放样	桩位的确定多数采用电子全站仪实现，经过现场复核，放样精确度较高
下沉护筒	确保护筒完全贯穿淤泥层以及护筒垂直度
钻机就位	确保钻杆竖直、钻机不偏斜，钻头、钻杆纵向中心线、桩位在同一条直线上
螺旋钻取土成孔	螺旋钻取出的岩样呈块状，方便判定识别
筒钻清孔	筒钻钻齿与水平面角度越小，沉渣越容易被捞起，越利于保证清孔质量；如果将钻齿改为铲刀，效果更佳
下放钢筋笼	验收钢筋笼，保证主控项目（主筋间距、长度）合格，一般项目（箍筋间距、加密区长度等）多数符合要求；保护层、钢筋笼倾斜度需要控制
下放导管	确保导管底部距桩孔底30~50cm，如此可保证混凝土灌注连续性及质量
混凝土灌注	检查配合比、初灌量、坍落度，督促试块留置
取出导管、护筒	在保证超灌度后取出导管、护筒
成桩	桩孔覆盖防护

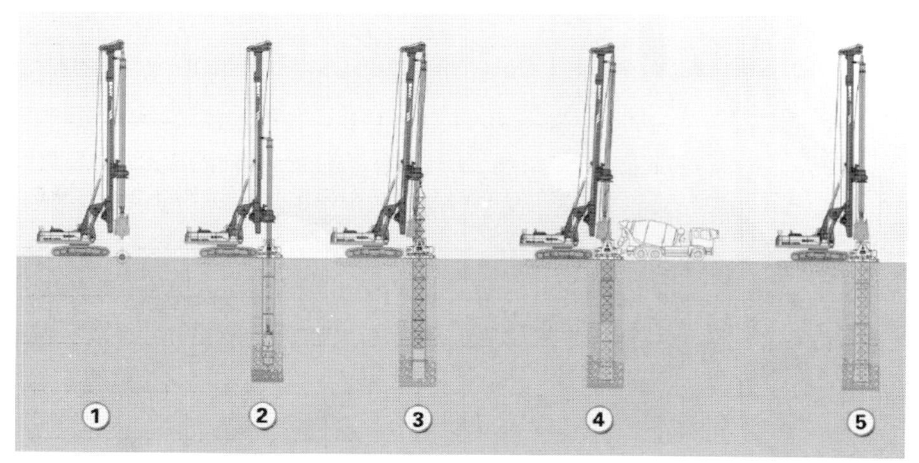

图2 旋挖取土钻孔工艺

三、监理质量控制主控点

1. 桩基定位

根据《建筑地基基础工程施工质量验收规范》（GB 50202-2002）中5.1.1桩位放样偏差：群桩20mm，单排桩10mm。借助电子全站仪可以减小误差，施工单位应根据建设单位移交的原始坐标点、水准点进行复核，首先测试各单体角点，进而描绘平面坐标网，也可以委托具备相应资质的测绘单位进行复核，监理工程师签认。实践显示一些桩基单位根据经验、采用电子经纬仪进行桩位放样，误差较大。

2. 下沉护筒

采用正循环回转钻成孔工艺时，一般护筒长度为1~2m，采用挖掘机按压至地下，由于护筒长度远小于桩孔深度，所以护筒倾斜度对成桩影响较小，但是护壁效果取决于泥浆比重及稠度。在大面积施工情况下，全过程控制泥浆质量并非易事，护壁效果不理想导致桩孔缩径、坍孔，在土方开挖后桩身观感质量较差。泥浆的制备、泥浆池的开挖及防护、废弃泥浆的排放对费用控制、占地面积以及环境保护方面产生不利影响，所以笔者认为出于环保及场地占用方面的考虑，回转钻工艺差于旋挖钻工艺。

本项目采用钢板桩打拔机下沉12~15m长的钢护筒，使其贯穿淤泥层，达到护壁的目的（见图3）。笔者认为该下沉护筒工艺存在不妥之处：由于钢板桩打拔机振动锤钳头只夹取护筒圆周的一点，而非整个护筒截面，即护筒受点荷载，而非圆周均布线荷载作用，所以护筒下沉垂直度无法保证。如果采用专用护筒打拔机（见图4）施工，那么垂直

图3　钢板桩打拔机埋设护筒

图4　专用钢护筒打拔机埋设护筒

图5　回转钻头切削的片状颗粒岩样判定难度较大

度偏差很小。

由于项目岩层起伏不均，河道位置下方淤泥层厚度超出地勘报告描述，且护筒打拔机最深能埋设15m的护筒，如此护壁难度异常困难。根据施工单位报审的方案，监理工程师同意护筒接力护壁，即首先揭露地表土，先期埋设长度为2m的大口径护筒，稳定后再次埋设长度为15m的常规护筒，使之完全贯穿淤泥层，确定成孔质量。

3. 入岩判定

由于项目桩基为嵌岩桩，不是摩擦桩，入岩判定就成为验收过程中的最关键环节。由于施工合同为固定总价合同，全场桩基按固定长度计价，如此模式为质量控制埋下隐患。施工单位为节约成本，不惜谎报桩长，毕竟根据合同是按完成桩基根数非桩长计量。所以监理在现场控制时必须掌握持力层岩样，确保质量。

实践发现，正循环回转钻成孔工艺岩样判定难度高，由于回转钻钻进速度主要取决钻头自重及转速，岩样大小受钻头削岩转速及钻齿间距限制。钻头自重越大，转速越快，那么钻进速度越快；转速越快、钻齿间距越小，那么岩样越趋于片状颗粒。完全根据颗粒颜色判定是否进入持力层是困难的，不排除钻进过程中产生的振动使护筒口或桩孔内壁中的杂质颗粒混入岩样的可能性，针对此类岩样勘察单位技术人员在场也无法确认。

旋挖钻成孔工艺为岩样判定提供较好的条件，由于干孔施工而且钢护筒护壁，螺旋钻头提取的岩样为块状，参照地质勘查报告本项目持力层中风化泥质粉砂岩有灰黄、灰红两种颜色，监理工程师使用锤子敲击岩样，观察断面纹路、色泽，感觉其刚度，可以直观地判断岩样岩性。

其实笔者认为监理工程师非专业地质专家，在岩样判定方面不具备权威，而且根据相关规定，唯有人工挖孔桩在验收时监理才深入桩孔观察岩层岩性，所以在入岩判定问题上应求证于勘察单位现场代表。

4. 钢筋笼验收

钢筋笼隐蔽验收是关键验收项目，监理工程师重点检查钢筋笼长度、主筋规格及数目、接头百分率、加劲箍筋间距及焊缝长度、钢筋笼顶箍筋加密区长度等。施工单位一般忽视钢筋笼保护层垫置问题，保护层一般采用预制混凝土块均匀固定于钢筋笼主筋上，或者在主筋上焊接Ω型光圆钢筋，笔者认为应优先采用预制混凝土块，因为如此保护层

图6　螺旋钻头取出的块状岩样易于判定

容易检查，而且成本较低，质量得到保证。焊接光圆钢筋不仅造价较高、消耗钢材、增加人工，而且焊接质量无法得到保证，一旦钢筋笼偏离桩孔圆心，那么开挖后极易出现露筋。钢筋笼在下放桩孔时的倾斜度是主控项之一，一些桩基单位为节约钢材消耗采用活动式单吊筋，以免钢筋笼下沉。实践证明采用双吊筋固定在护筒口能最大限度保证钢筋笼的竖直。

5. 终孔沉渣控制

终孔深度是进入持力层岩面时桩孔深度与入岩深度之和。桩孔深度应采用测绳测量，由于现代科学技术的进步，旋挖钻机操作室内有电子孔深测量仪器。在与钻机操作人员交流后，笔者认为，钻机自带的孔深测量仪设置在钢丝绳卷筒处，是根据卷筒转速、钢丝绳下放量进行计算，而非设置在钻头上，如此其

准确性值得怀疑，毕竟电子测量仪是通过间接方法计算，且卷筒转速及钢丝绳伸长率存在自然性偏差，所以测绳测量是最为可靠的测量方式。

沉渣控制应该是最难的质量控制项目之一，孔底沉渣厚度的控制通过清孔手段实现，沉渣厚度的数值较难直接测量。现场一般采用测绳自由落体与缓慢下放两种方式测量数据的差值视为沉渣厚度，但是此法有很大的局限性，测绳底部重物是否接触持力层岩面、测绳伸长率误差程度都是无法保证的。笔者建议选用先进的沉渣测量仪，但是一般施工现场考虑成本问题很少采用该仪器。

正循环回转钻施工有两次清孔过程，由于水下灌注混凝土，所以先后通过泥浆、清水等液体介质冲刷桩孔底沉渣，遵循“一次清孔为主、二次清孔为辅”的原则，一次清孔使用泥浆携带较大固体颗粒排出，二次清孔使用清水净化泥浆，携带泥浆、沉渣细微颗粒排出。实现控制沉渣的目的。

旋挖钻采用筒钻取代螺旋钻头对孔底进行清理，使沉渣厚度符合设计要求。笔者观察到当钻齿与水平面夹角越小时，沉渣越容易被筒钻捞起；若采用铲刀代替钻齿，由于不存在钻齿间距，那么沉渣控制效果更佳。

6. 导管长度

安放钢筋笼后开始安装导管，回转钻工艺导管的作用很关键，即用于二次清孔，之后再用于灌注混凝土，导管底部距离孔底 30~50cm，确保混凝土浇筑质量。施工单位为图省事，怠于安装导管，监理工程师需加强对该环节的控制。

7. 混凝土初灌量

桩基混凝土浇筑初灌量大小根据桩径、孔深、混凝土强度等级等因素不同有明显差异。作为开盘后首批进入桩孔并且直接嵌固于持力层的混凝土，整体自由落体坠落在持力岩层，其密实度较之后连续浇筑的混凝土高，对成桩质量影响较大。在正循环回转工艺中，由于在水下浇筑混凝土，那么其自闭性比一般混凝土高，而且初灌混凝土在一定程度上可以通过水流冲击桩孔底部沉渣，使之上浮，如此对沉渣厚度控制有一定积极作用。

8. 超灌控制

作为护壁关键工具的钢护筒在超灌时作用不可或缺。由于项目地质条件复杂，根据设计方建议，桩基超灌量控制为 1m。诸多桩基案例表明，在大面积土方开挖时，不少桩顶标高低于设计要求。为了避免由于串孔、底部塌孔对桩基质量的影响，在混凝土浇筑完毕后立即观察桩顶液面沉降情况，若下降明显或者原始地面标高低于设计桩顶标高时，将护筒拔出地表 1.5m 左右，继续灌注混凝土至超出设计标高 1m 以上。

9. 拉拔护筒

虽然水下混凝土自闭性能强，而且现有的振捣工具对桩身混凝土进行振捣操作难度较大。但是笔者认为混凝土浇筑完毕进行振捣还是有必要的。在超灌完毕，采用打拔机拉拔钢护筒，由于打拔机根据钳口锁紧护筒振动拉拔原理进行作业，那么桩身混凝土势必受到护筒壁传导的振捣频次作用。尽管这种附着式振动缺乏插入式振动的直接性，但是对提高混凝土密实度有积极作用。

10. 桩孔防护

项目场地大部分区域标高明显高于设计桩顶标高，出于安全施工方面考虑，在桩基施工完毕应该立即对桩孔进行防护。

11. 资料完善

钻孔灌注桩监理过程质量控制工作体现在旁站记录及平行检测记录上。监理工程师要求监理员如实记录旁站记录表，在桩孔标高、设计标高、入岩孔深及终孔深度等关键参数上实测实量记载，录入计算机通过借助 Excel 表格科学计算有效桩长，以此为依据对施工单位上报的桩基施工记录进行复核、签认。监理员还需要填写钻孔灌注桩混凝土浇筑旁站记录单，对混凝土配合比、理论方量、实际方量、充盈系数、混凝土坍落度等参数进行检查记录。现场督促施工单位按规范要求留置混凝土试块。

针对施工单位报审的检验批隐蔽工程资料，在核查其真实、有效后予以签认。监理工程师主要审查工程材料质量控制资料是否完整，钢筋原材、焊接复试报告、混凝土试块复试报告是否齐全合格。

四、小结

随着科学技术日新月异，建筑施工工艺更新换代速度明显，根据以往的经验对桩基工程进行质量控制过于笼统。作为现场质量控制的主要责任方，监理工程师应紧随时代进步潮流，掌握桩基施工工序、工艺、主控项目，对影响桩基质量的各方面因素进行剖析，向建设单位提供技术管理服务，向施工单位提出技术质询，向监理员传授质量把关方法。只有不断完善自身技术素养和管理方法，才能满足岗位工作基本的职业要求。

建设监理企业信息化建设势在必行

山西省建设监理理论研究会　刘喜鹏

摘　要： 本文论述了监理企业信息化现状，与当今信息化发展间的差距正在加大；企业信息化建设当前存在的主要问题及认识误区；提出了企业信息化建设的建议。

关键词： 发展态势　存在问题　认识误区　实施建议

一、监理企业信息化现状与信息化发展间的差距正在加大

1. 信息化发展态势

当今时代，以信息技术为核心的新一轮科技革命正在孕育兴起，互联网日益成为创新驱动发展的先导力量。互联网正在与各个行业深度融合，以“互联网+”为手段，引发了对原有业务流程革命性变革，正在塑造崭新的经济结构、催生新的业态。互联网正在深刻地改变着人们的生产生活方式以及思维方式。有着新知识、新理念、新思维的人正在登上历史舞台，引领着世界未来。网络空间已成为推动经济发展的新引擎，是传播先进文化的重要战略领域，当今社会已进入互联网时代。

就建设监理来说，在互联网与行业快速融合的今天，企业通过远程控制指挥系统，可使决策“零时间”，指挥“零距离”；可随时召开视频会议，与在监项目部监理人员互动；可对项目监理部现场进行实时监控；拥有一部智能手机就能实现“手机办公”，在任何时间、任何地点，监理人员通过自己的手机就能完成本身的业务工作。如项目资讯查询、建设流程审批、项目信息上报和传递、工地巡检、手机拍照、录音录像、手机定位、手机考勤、业务知识查询等，都能借助互联网来实现。我们应认清当今世界科技发展走势，紧跟时代步伐，做好我们的工作。

2. 当前监理企业信息化建设概况

总体来说，建设监理企业信息化应用水平较低、融入网络程度较浅。

当前应用信息化产品（包括工具软件）好的监理企业还是少数，能紧跟信息化发展前沿，从战略高度规划实施企业信息化建设的更是凤毛麟角。

目前为数不少的监理企业，都建立了局域网。有些企业引进了OA办公系统、财务管理、工程造价、监理业务等工具软件；有的监理企业委托专业网络公司建立起自身的业务系统，其中个别信息化较高的监理企业建立了融合OA办公、人力资源、经营、生产管理等为一体化的信息系统，可以达到信息处理数字化、信息传递网络化、业务管理流程化。但多数监理企业都面临信息流难于管理，项目高度分散，管理信息传递速度慢等难题。

还有相当一部分中小企业，特别是个体民营企业，由于观念陈旧，不舍得在信息化建设上投入，信息化应用水平普遍较低，企业管理中的“信息孤岛”随处可见，有的仍停留在对监理文字资料打印、存储、发送的初始阶段。

就监理行业总体而论，企业信息化现状与当前网络和数字技术裂变式发展形势间的差距正在拉大。

3. 监理企业信息化建设的紧迫性

信息化建设是传统监理企业走向现代化的必由之路，是企业生存并持续发展的重要手段。固守过去松散、粗放的管理模式和工作方法是没有前途的。当今监理企业面临新的洗牌，变则活，不变则死。企业无论大小，概莫能外。

随着计算机技术、网络技术和通信技术迅猛发展和应用，企业信息化建设已成为企业品牌建设和市场竞争力的重要保障；也是企业求生存谋发展的一个利器，是刻不容缓的战略任务。监理企业应该早认识、早适应、早主动。

在进行信息化建设时，当前我们应考虑的是如何躲开荆棘、少走弯路、不搞“花架子”、不花冤枉钱。

二、监理企业信息化建设存在的主要问题和认识误区

1. 存在的主要问题

1）对企业信息化建设目标定位失当

处于不同规模、不同管理水平、不同员工素质、不同外部环境的监理企业，其建设目标必须有所不同，必须与本企业的规模、员工素质、管理水平相适应，决不能照抄照搬。目前不少单位的信息化建设目标定位高出了企业实际，并且对先上什么、后上什么，怎样分步实施，缺乏符合实际的规划安排。系统建成后往往实用性不强，难于有效运行。不仅浪费了资金，还大大挫伤了领导和员工的积极性。

2）组织实施信息化建设的职级偏低

不少单位信息化建设是由企业一个职能部门（如信息办、总工办或综合办公室）去办，企业总工程师负责实施，这样的职级很难达到预期的效果。

因信息化建设是一个系统工程，是在信息技术的帮助下建立新的运行平台，整合原有的决策体系和执行体系；是对企业管理流程、运行方式、沟通方式等进行变革的过程；是企业管理习惯、员工行为习惯重大调整的过程；是企业管理理念更新、企业工作流程再造的过程。需要企业全员参与才能实现的一件大事，没有企业真正的上下联动是很难见效的。只靠一个职能部门是无法承担的，因它没有那样的权威和感召力。

3）规划不合理，系统选型不当

不少监理企业对信息化建设方案重视不够，不仅没有紧密结合，实际花费力气加以编制，也未认真研究论证。信息化建设应分哪几块、系统如何架构、先上哪一块、再上哪一块、如何循序渐进等，没有弄清弄懂就仓促上马，当系统建成后发现与工作实际不对路。花了大量资金和人力却带来了新的烦恼和痛苦，食之无味，弃之可惜。有的单位就马放南山，甚至将系统和服务器弃之不用，依旧用原来的工作模式重复过去的故事。致使新建的信息化系统成了一堆废铜烂铁，教训是深刻的。

4）重建设，轻使用，没有真正尝到信息化建设的甜头

信息化建设本身不能产生效益，只有坚持使用它才能见到成效。

有些单位推行信息化建设时大张旗鼓、轰轰烈烈，一旦系统建成就松懈下来，没有在后续推行使用上狠下功夫，没有持续地一抓到底。没有实行“三分建设，七分推行”也是一个重要原因。

5）对项目监理部信息化建设针对性不强未能“量身定做”

项目监理部是企业实施管控的重要部位，也是监理原始信息生成的重要区域。每个企业所监理项目的外部环境千差万别：业主、政府监管部门的期望和要求各不相同；施工单位的施工能力和管理水平也相差甚远；项目总监的业务能力和综合素质也有不少差异。试图配置同样的设备、使用统一的“管控模块”是很难奏效的，不仅达不到预期目的，还会造成资源浪费，这也是时下监理信息化建设未能见到显效的原因。

2. 认识上的误区

1）将信息化视为“灵丹妙药”、“包治百病”，可一步建设到位

信息化是能够帮助企业解决很多问题的，尤其是管理问题。但将信息化视为灵丹妙药，期盼它能包治百病，以为只要进行了信息化建设就可解决一切问题，就能提升企业核心竞争力，并且期望“毕其功于一役”，一步就要实现企业信息化，这是错误的理解。

2）认为信息化建设有投入就必然有产出

信息化建设与产生效果并不存在必然联系。只有坚持使用信息化设备于工作中才能见到成效；如果只建设不使用其效果就等于零。

三、对监理企业信息化建设的建议

1. 应从战略高度进行系统筹划

企业信息化建设绝不是买一套软件、上一个系统那么简单。它不仅牵涉到企业运作流程再造，还牵涉到企业各个层面和职能部门原运作方式的变革。为此，行动之前必须对企业现实情况（管理水平、员工素质、信息技术运行情况等）以及企业远景目标进行认真研究，要有战略思维：对互联网和信息技术决不可冷淡、漠视，要明确它是助推企业与时俱进的利器，是企业实现转型跨越发展的必要条件，是企业不可或缺的一项基础性建设。

信息化建设要注重整体性和长远性，应“横向到边、纵向到底”对企业所监项目进行全部管控。同时还必须顾及解决企业的一些现实需求。如：能提升监理服务品质，提高企业工作效率、降低监理成本；能满足建设单位、政府主管部门的现实要求；可推动企业创新发展，使多数人能尝到甜头。只有这样才能调动企业领导和员工的积极性和主动性，才可防止少数人积极、多数人消极的现象。为此，行动之前对企业信息化建设方案下些功夫、花些费用，认真谋划和论证是十分重要和必要的。

2. 信息化建设是企业“一把手”工程

如前所述，信息化建设是企业牵一发动全身的大事，只有企业一把手有这个权力和威望，只有他能有效指挥、协调所有部门和人员共同推进这项工作。实践已经表明，单靠企业职能部门抓很难取得成效；就是靠企业总工程师去办，一把手仅是应个名，只挂帅不出征也很难把事情办成。只有企业一把手重视、引领、支持才能收到显效。

3. 企业职能部门应是信息化建设的中坚力量

首先，各职能部门是企业信息化的实际执行者；第二，实施信息化需将他们传统的运作模式转换到新建的信息化系统中来；第三，如何将他们自身的职责在新系统中能“横向到边、纵向到底”，职责全覆盖，不留空白和死角，他们最有发言权。所以，企业各职能部门应是这项建设的中坚力量。

有鉴于此，信息化建设绝不是信息化一个部门的事，企业各个部门的领导和业务骨干都应深度参与，边建设、边学习、边磨合，使之符合自身需要并逐步适应新系统，建成后即可有效运作、发挥作用。

4. 以需求为主导 量力而行 循序渐进 不可一步到位

信息化建设需要人才和资金支撑，如果实施后没有取得实际效果，往往挫伤积极性。还应明确信息化建设不是一朝一夕的事，需要长期坚持、逐步推进；需要由小到大、由局部到整体，逐步到位。应因地制宜、因人制宜，既从企业发展战略着眼，又从业主需求和政府主管部门监管要求出发，先从投入少见效快的小处起步，添置一些价格适宜的软件，迅速使用起来，收到效果、提高信心、积累经验、逐步推广。应特别注意的是：信息化建设必须对人员和设备同时创造条件、同步投入，不能“锣齐鼓不齐”。如果有了相关人员而没有及时配置所需设备，或购置了相应设备（包括软件），而没有及时配备能使用这些设备的人员都不能很快取得成效，还可能造成浪费，挫伤积极性，教训是很多的。

由于项目监理部外部环境和监理人员素质各不相同，决不可套用一个模块，应切实弄清该项目部的实际情况，遵循“在可以应用的原则、可以拓展的地方努力应用它、拓展它；在不能应用、不能拓展的地方就果断停下来”的原则，量身定做实施办法。

当务之急是：选好领军人才，花大力气普及信息和网络技术的应用；加强这方面人力物力投入。因为信息和网络技术是当前监理企业实施信息化道路上的“拦路虎”。要采取“集中优势兵力打歼灭战，各个击破”的战略战术，每战务求必胜，每办一件事就要把它办成，决不半途而废。因伤其十指不如断其一指。集小胜为大胜，才能最终吃掉这只“拦路虎”，引领企业逐步实现信息化。

5. 信息化建设本身不会产生效益 只有使用才能出效益

企业信息化可以提高管理效率，降低监理成本，提升监理服务能力。但必须明确，只有持续地使用它、并不断地改进它才能显现效益，而且其效益有明显的滞后性和隐蔽性。一般而言，新建的系统使用一段时间后才能见到成效。对此要有充分的认识和耐心，在大力推行、持续使用新系统上狠下功夫；在坚持上要有恒心和耐心。

输变电工程建设交通安全监理工作方法探索

湖南电力建设监理咨询有限责任公司　李桂铭

摘　要： 随着输变电工程建设施工难度的不断增大，输电线路走廊的不断减少，越来越多的超、特高压线路走进了大山峻岭、走进了无人区，使得交通运输环境变得极其复杂。为了更好地完成输变电工程的建设管理工作，必须通过系统科学开展交通安全管理，杜绝发生较大交通安全事故，确保参建人员生命安全，才能实现工程建设的安全目标。本文在目前各项工程监理内容的基础上扩展了监理范畴，提出了交通安全监理这样一种全新的监理理论和方法，并在川藏联网工程中验证了其有效性和可行性。

关键词： 交通安全　监理　工作方法

引言

随着现代文明的不断发展，人类的交通工具发生了巨大的变化，特别是汽车工业的发展，为人类提供了更加便捷的出行、运输交通工具。随之而来的交通安全事故也不断增加，给人们带来了巨大的经济损失。

输变电工程建设规模和等级的提升，使得工程材料、构配件等物资需求量、单件重量增大，给各位建设者带来了极大的不便。特别是我国目前超、特高压输变电工程建设的突飞猛进，可利用的线路走廊不断减少，以至于现在乃至将来绝大部分线路不得已走进大山峻岭，在荒郊野外利用传统物资运输方式，已经难以满足要求，需要更专业化的物资运输单位、驾驶人员和物资运输车辆。据调查，目前全国各家送变电企业已经基本丧失重要设备、设施的运输能力，绝大部分依靠分包、外委的方式进行。

这样一种工程建设管理模式给现场的建设管理工作带来了一定的难度，特别是输变电工程的建设地点、区域均较为偏僻，一无常规交通管理相关部门的监督和管理，二无常规公路管理相关部门的交通管制和相关限制要求，使得输变电工程面临前所未有的较为复杂的交通安全管理风险。

面对川藏联网工程项目交通运输环境差、交通安全管理风险高等特点（图 1），相关领导和专家根据常规工程监理的管理经验和工作成效，首次在本工程引入了“交通安全监理”这样一个全新的概念，并在摸索中建立了一套简单、实用的工作模式，以期通过交通安全监理的工作来提升安全管理工作水平和成效。

图1　川藏联网工程翻山临崖公路

本文结合川藏联网工程项目的现场实际，参照工程监理管理的有关经验，对交通安全管理经验进行提炼和总结，对交通安全监理工作方法进行探索和归纳，以期望对输变电工程的建设管理工作献出一份微薄之力。

一、前期策划及交通安全风险分析

根据工程项目的管理要求及《交通安全管理总体策划》，编制《交通安全监理实施细则》并履行审批手续；辨识与本标段交通运输工作有关的风险，与施工项目部一同编制沿线交通运输风险图（图 2），按预先确定的 1~4 级风险等级评定标准，将各路段进行分级管理，制定针对性的预控措施。

审查施工项目部《交通安全管理实施细则》及相关《专项现场应急处置方案》，使用交通工具时关键地点或关键工序安全措施及危险源辨识评价和预控措施；审查施工项目部交通安全管理人员资格证明文件；审查施工项目部交通运输车辆驾驶员的身体及操作资格证明文件；审查施工项目部拟用交通运输车辆的年检证书、合格证、保险等相关资料以及施工项目部的自检记录；对施工单位拟投入的交通运输车辆进行登记造册，填写“交通运输车辆及人员登记表”（表 1）；督促施工项目部制定交通安全处罚相关规定，对全体驾驶人员进行交底，并要求赋予交通监理人员一定的处罚权限；督促施工项目部建立健全“交通事故报告制度”，分级分层进行报告。

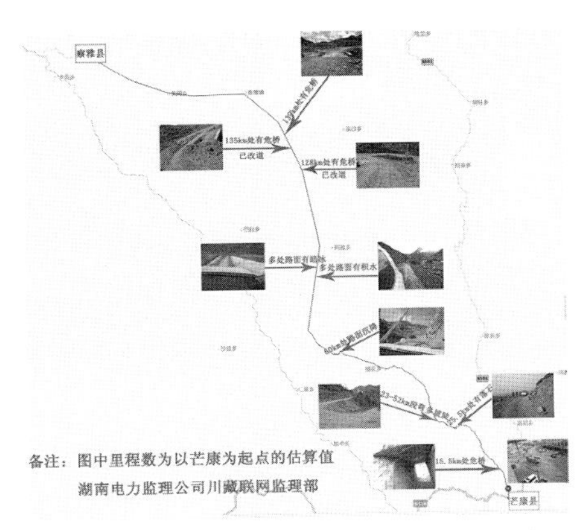

图2　川藏联网工程察芒公路交通安全风险示意图

交通运输车辆及人员登记表　　表1

序号	驾驶员姓名	出生年月	从业资格证号	准驾车型	对应车牌号	车型	限载	车辆保险单号
1								
2								

交通安全管理员（签字）：　　交通监理（签字）：

二、过程控制及交通安全监理工作方法探索

1. 输变电工程交通状况调查与分析

根据目前各输变电工程施工的情况来看，线路走廊不断减少，施工地点大部分处于荒郊野外，甚至处于崇山峻岭，基本无可供选择的施工道路。特别是超、特高压线路工程施工塔位可能更是“高、远、险”。

以川藏联网工程更为明显，虽然仅为 500kV 输电线路工程，但其交通运输条件极其恶劣。一是地处海拔较高，沿线基本处于 3000m ～ 5000m，最高塔位海拔高达 5012m；二是运输路径长，工程交通运输涉及的公路路径长，合计 3706km；三是路面狭窄，国道 214、317、318 为两车道，将承担约 40 万 t 水泥、钢筋和铁塔等设备物资的运输。部分物资转运路段路面更为狭窄，其中察芒路段（察雅—芒康）为乡村土路，全长约 204km，80% 的路段无法会车，但仍需承担六个施工标段，约 15 万 t 的物资运输；四是路况较差，特别是察芒路段基本为无人区，道路为原始的机耕路，路基十分脆弱，一旦下雨，到处是泥坑，如不及时进行保通，根本无法通行，给物资运输及出现事故后的救援带来极大的不便。

另外，据调查川藏联网工程在基础施工阶段，工程用于参建人员乘坐和运输工器具的车辆（包括管理机构、施工单位、监理单位、医疗后勤保障单位、分包单位）共投入约 430 辆，其中四驱车仅占约 40%，其他均为两驱越野车及简易皮卡、货物运输车等，平均车龄 6 年，最长的为 13 年，车况参差不齐，而这样的投入，在线路施工行业来说，算是高配置了。

川藏联网工程情况特殊，一是高原缺氧，睡眠质量难以保证，易疲劳、疲倦，反应迟钝。二是工作时间长，一般行车时间均在 7、8 个小时以上。以工程建设指挥部为例，前往乡城要 7 个小时，从国道前往昌都要 10 个小时，顺着线路路径从察芒公路（察雅—芒康）赶往昌都要两天。而且沿线环境艰苦，大部分处于在高海拔、冰雪等恶劣条件下，汽车动力性能降低，制动距离增加。加之 5 ～ 7 月份会面临雨季，对道路交通的影响非常大，特别是部分路基较软的部分路段，大部分车辆将无法通行。

像这样道路路况极差、车辆车况不良、驾驶人员面临多重压力、沿线气候环境恶劣的工程建设现象在输变电工程建设过程中比比皆是，稍有不慎将会在运输过程中遭遇极大交通安全事故，加之这些区域基本处于交警管辖的真空区域，参建单位接送员工，运输物资，每日穿梭于道路之中，致使交通安全管理成为一个不可忽视的重大问题，因此交通安全监理这样一个新的工程建设管理团队应运而生。

2. 输变电工程交通安全监理工作内容剖析

输变电工程建设过程中，变电站（换流站）同样会面临远距离、大宗物资

的运输，但其一般会提前修筑相关的进站道路，以减少交通运输的风险。而输电线路工程在此方面就显得无能为力，下面就仅从输电线路工程方面对交通安全监理重点管控的内容进行剖析。

（1）施工准备、进场阶段

a 编制自身《交通安全监理实施细则》的同时，督促施工项目部编制《交通安全管理实施细则》，并向交通监理报审。

b 督促施工项目部报送交通运输载人、载货车辆拟投入计划。

c 督促施工项目部报送交通运输车辆及驾驶人员相关证件、资料。

d 对施工单位拟投入的交通运输车辆进行登记造册，排除不合格车辆进入施工现场。

e 对交通运输道路进行检查摸底，对隐患进行排查。

（2）基础原材料运输阶段

a 砂、石、水泥原材料运输重量的控制。

b 钢筋长度，特别是主筋长度的装载控制。

c 车辆运输行驶速度的控制。

d 恶劣天气情况下，对运输条件的把控。

e 驾驶人员作业时间、作业状态的控制。

（3）铁塔材料运输阶段

a 铁塔运输重量的控制。

b 主材长度的装载控制。

c 车辆运输行驶速度的控制。

d 恶劣天气情况下，对运输条件的把控。

e 驾驶人员作业时间、作业状态的控制。

（4）导地线、金具运输阶段

a 导地线线盘、金具重量的控制。

b 导地线线盘装载、固定方式的监控。

c 车辆运输行驶速度的控制。

d 恶劣天气情况下，对运输条件的把控。

e 驾驶人员作业时间、作业状态的控制。

3. 输变电工程交通安全监理工作方法探索

（1）健全总监理工程师为安全第一责任人的交通监理安全组织体系，建立以交通安全责任制为中心的交通安全监理制度及运行机制。配备交通安全监理，明确交通安全监理人员的交通安全监理工作职责，在上级管理部门的统一要求下开展交通安全控制。

（2）严格执行国家、行业有关的法律、法规及部门规章。落实上级管理部门的有关要求，制订《交通安全监理实施细则》，报上级管理部门审批并严格实施。

（3）严格按照《交通安全监理实施细则》开展交通安全监理工作，使交通安全监理工作规范化、程序化。

（4）配备与交通安全管理相关的规程、规范及国家电网公司管理发文等工程监理依据性文件，满足交通监理安全工作需要。

（5）加强交通安全监理人员安全管理培训教育学习，组织交通监理人员进行交底。

（6）监理项目部将以《中华人民共和国道路交通安全法》和《国家电网公司基建安全管理规定》作为主要依据和标准，开展常态化的交通安全管理与控制工作：

a 审查施工项目部的交通安全管理体系、交通安全监督体系的建立。

b 审查施工项目部交通安全负责人、交通运输作业人员的资质及交通运输车辆的资质文件，填写“驾驶员车辆证件检查表（表2）”。

驾驶员车辆证件检查表　　表2

序号	证件	排查内容	检查结果	备注
1	驾驶证	当年有效期内	合格□ 不合格□	
	行车证	当年有效期内	合格□ 不合格□	
	资格证		合格□ 不合格□	
2	车辆保险	当年期内有效	合格□ 不合格□	
3	特种车辆操作证		合格□ 不合格□	
	特种车辆检验报告		合格□ 不合格□	

检查人（签字）：　　驾驶员（签字）：

c 检查各参建车辆相关应急救援设备、设施的配备情况，填写“车辆配备检查表（表3）”。

驾驶员车辆配备检查表　　表3

序号	检查项目	检查内容	检查结果	备注
1	防滑链	车内配备	合格□ 不合格□	
2	灭火器	车内配备、是否有效	合格□ 不合格□	
3	抢险器具	铁锹、镐头、撬杠、千斤顶、三角木	合格□ 不合格□	
4	食物、水	配备	合格□ 不合格□	
5	棉衣棉被	配备	合格□ 不合格□	
6	备用胎	配备有效	合格□ 不合格□	
7	急需药品	感冒药、包扎带、高原防护药红景天等	合格□ 不合格□	

检查人（签字）：　　驾驶员（签字）：

d 审查施工项目部交通安全管理制度和工作程序的制定和实施。

e 审查施工项目部编制的交通安全管理及风险控制方案、交通运输技术方案及交通安全技术措施的编制和现场落实。

f 检查交通安全教育、培训和考试。

g 检查施工项目部交通安全交底等。

（7）督促施工项目部制定交通应急处理预案和建立紧急联络与救护体制，督促按计划进行演练。

（8）在大件设备或大批施工物质开始运输前，进行交通安全准备检查、签证。

（9）针对工程项目实际情况和特点，结合季节情况，定期组织开展交通安全检查，按要求开展“工程交通安全管理评价”。

（10）对所有运输现场的关键部位及危险运输路段、交通运输安全风险较大的地方进行定点巡查。

（11）及时制止运输现场的交通安全违章，督促施工项目部整改，对拒不执行交通监理的正确指令，监理项目部应及时向施工项目部下达工作联系单或监理工程师通知单，对严重违章，甚至危急人身安全的，应及时按程序下达工程暂停令。

三、阶段总结及交通安全常规问题探讨

每周组织交通安全监理人员进行小结，每月组织施工单位交通安全管理人员对本月存在的交通安全问题进行分析、点评、纠偏，以实现交通安全动态管理。下面就川藏联网工程交通安全监理工作过程中发现的部分问题进行探讨。

（1）桥梁、涵洞出现沉降损坏严重现象，存在较大的安全隐患，发现问题后立即通知保通单位进行了修筑，安全隐患得到了有效控制。

（2）司乘人员的交通安全意识淡薄，未严格按照相关规定进行装载、运输，在月度安全、质量例会上进行了讲解、点评，意识得到明显提高。

（3）施工项目部交通安全管理力量较为薄弱，大部分为兼职管理人员，难以真正管控到位，要求各单位适当增加安全管理人员，做到不缺位、不失位。

（4）在交通运输各路段均未发现任何警示、提醒标志，特别是急弯、陡坡等处，存在较大的完全隐患，根据实际情况，交通监理人员建议道路保通单位进行了设置。

（5）部分路段上山坡塌方、滚石严重，对交通运输车辆及行人造成较大威胁，发现问题后，及时协调保通单位对其进行了清理，处理了存在的安全隐患。

四、结论

本文在川藏联网工程交通安全管理的基础上，对交通安全监理工作方法进行了探索，指出了前期策划管理的工作内容、过程控制常规的工作方法、常见的交通安全管理问题，进行了交通安全监理工作方法的优化和改进。上述交通安全监理工作的方法和措施为川藏联网工程管理过程中总结、提炼所得，该工程自实施交通安全监理以来成效显著，为工程安全管理目标的实现奠定了坚实基础。

重视合同管理，降低履约风险

长沙华星建设监理有限公司　金广义

建设工程监理合同是业主和监理人双方根据《中华人民共和国合同法》（简称合同法）、《中华人民共和国建筑法》（简称建筑法）等其他适用法律、法规，遵循平等、自愿、公平和诚信的原则，就某项建设工程监理和相关服务事项协商一致、订立的契约。合同法为经济交易提供准则，保护合同当事人的合法权益，是平等主体之间设立变更、终止民事权利义务关系的协议。国家《建筑法》、国务院《建设工程质量管理条例》、《建设工程安全生产管理条例》规定了合同双方及其他责任主体就从事建筑活动“确保建筑工程质量、安全，符合国家的建筑工程安全标准”应当承担的社会责任和法律责任。

2015 年 2 月 11 日国家发改委价格司 299 号文放开监理市场，价格不再执行政府指导价，实行市场调节价。根据《中华人民共和国价格法》（简称价格法）规定：市场调节价经营者自主制定，雇主遵循公平、合法和诚实信用原则确定合同价格。《合同法》也鼓励“当事人可以参照各类合同的示范文本订立合同”，《合同法》对合同内容条款一般内容作了明确规定。其中：当事人名称住所、标的、数量、质量、价款或报酬、履行期限、地点和方式、违约责任解决争议的方法等八条必须明确，一般称为合同要素。

国家住房与城乡建设部和国家工商行政管理总局于 2012 年 3 月 27 日发布和推广使用 GF-2012-0202 版《建设工程监理合同示范文本》，并要求参照执行。目前监理行业采用的建设工程监理合同虽然参照了该示范文本，但在合同获得方式、签订过程和实际履行中，由于业主的强势地位和市场的过度竞争，使得合同签订偏离了合同示范文本，已经影响了监理企业诚信经营环境，严重制约了监理行业的正常发展。

一、应用合同示范文本存在的不规范现象

1. 合同标的不明确：工程范围包括工程规模等不明确或不确切，通常用类似“工程范围的所有工程内容，施工图纸所包含的全部内容，本工程全过程、全范围监理服务”等，实际是在招标和合同洽谈时没有准确的工程内容和工程量而致，导致合同履行中增加监理人的履约成本。

2. 履行期限不明确：往往采用“从开工至竣工验收”填写在合同文本中。监理企业的生产成本主要是劳动力成本，监理工程期限不明确，导致监理企业成本核算无法进行。虽然业主规避了开竣工时间的不确定性风险，但增加了监理企业的成本风险。

3. 履行职责不明确：合同中对监理人授权范围不明确或不确切，往往以“施工图范围内全过程”作为授权范围，导致监理企业劳动力资源安排困难甚至导致超范围经营。

4. 工程概算投资或建安工程费不明确：合同中工程投资或建安工程费不明确或不确切，甚至把设备费材料费剔除后填写，导致监理取费基数降低；按照双方洽谈的费率取费，导致取费减少，最终监理酬金减少。

5. 监理服务酬金不明确或不确切的：尤其是按取费费率填写，不填写工程总造价或暂定工程造价，导致酬金总额不明确；模糊相关服务酬金和监理服务酬金的概念，把全过程监理服务延伸到保修阶段和其他相关服务，增加监理企业的成本和责任范围。

6. 合同订立时间不明确；导致合同合法性不严谨，出现合同纠纷时增加了监理企业法律风险。

7. 监理工作条件不明确：业主不提供或提供的工作条件，不能满足监理工作需要（往往业主授意由施工单位解决），监理人员生活条件艰苦，办公场所简陋，影响监理形象，使得监理工作陷于被动，并增加监理成本支出。

8. 监理除外责任不明确：业主往往对非监理人原因的除外责任进行修改，对任何工程质量、安全事故、工期延误，投资超额等均要求监理承担责任。

9. 附加工作：采用固定总价模式，或监理费包干形式，合同价格不做任何调整。对非监理原因的工期延长，监理工作内容增加、投资额增加均无法得到“附加工作”的相应报酬；合同履行中工程暂停或是施工方由于业主支付等其他原因暂停施工，业主采用隐形暂停或不通知监理人要求暂定或全部停工，也不补偿监理人损失。

10. 监理人违约责任：对监理人责任的赔偿、罚款无限扩大。即使在通用条件中约定了的不作违约责任的或是除外责任的情形，在专用条件中强行认定为违约责任并制定严厉苛刻的经济处罚则等霸王条款。

11. 服务酬金支付：在专用条件中改变正常工作酬金支付形式。往往按工程形象进度或主要工程节点进行支付，增加了监理企业财务风险。

二、合同条件不规范、不平等

市政及房建工程往往需要招投标来确定监理企业，业主往往在招标文件中附加了一些不平等、不规范条件。如工程概算、工程范围、合同工期、合同价款、支付条款等倾向于业主的一边倒霸王条款，迫使监理单位接受条件进行投标。有些政府投资项目，在公开招标过程中明示或暗示投标企业承诺，中标后要进行二次报价或按某一价格或费率签订合同；房地产企业往往以邀请招标方式进行招标，开标后在进行二次甚至三次竞争性报价，需要政府备案的再象征性的进行招标程序，既增加了监理企业的经营费用又降低服务价格，伤害了监理企业和整个行业；原国家发改委和建设部《建设工程监理与相关服务收费管理规定》发改价格 [2007]670 号（简称 670 号文）执行时有些政府项目就已经突破了下浮 80% 的下限，某些地方政府就发文规定监理服务价格按 670 号文下降超过 20% 或更高，降低了监理服务价格，导致监理合同履约困难，还增加企业政策风险。

这些不规范的合同谈判条件难以体现平等主体地位、监理企业难以获得合理监理服务报酬价格、难以坚持诚实守信的原则。

三、阴阳合同

监理企业为取得业主的监理合同，获得工程建设的合法地位，又要满足政府监管要求，不得以同意采用阴阳合同的方式到政府监管窗口备案。备案监理合同都是按相关法律法规和建设行政主管部门的要求编制和签署的，但真正执行的合同是监理被迫（业主设置的前置条件和过度竞争价格）签署的，合同中充满了不规范、不严谨、不合理甚至是霸王条款。企业要满足政府监管及执法部门的备案要求，按备案合同配备相应人员，达到监理履行职责的工作质量，但得到的监理报酬是在另一份执行合同中确定的价格，实在是和责任、权利、义务不对等，监理企业为此承担巨大的财务风险和责任风险。

监理企业按招标文件要求的人数配备现场监理人员，但实际上往往由于现场施工作业时间大大超出正常作息时间，监理机构安排加班、值班，导致现场监理人员工作量增加，工作质量下降，直接后果就是加大了合同履约责任风险和履约的政策风险。如按监理规范和相关文件要求的“应满足现场需要”配备监理人员，势必导致监理企业成本增加和现场监理人员履约管理的难度。

四、应对措施

目前国家发改委原 670 号文已经不再实行，工程监理价格市场化，监理市场烂价行为更加难以管理。

加强合同管理要从源头上抓，需要政府、协会组织、企业积极配合。第一政府监管，要规范和约束业主的合同行为，推行按照 GF-2012-0202 版《建设工程监理合同示范文本》签订合同；规范招投标行为，营造良好的公平市场环境；政府要对阴阳合同签订双方都要严厉查处，责任更重的一方应是业主。第二行业自律，行业协会建立价格收集和发布机制，抓紧建立监理行业自我保护机制，开展对工程监理价格市场化的指导，要求监理企业抵制阴阳合同，不以低于成本价承揽业务，加大查处力度。第三企业规范，监理企业自觉遵守不以低于成本价、减少服务内容、降低服务质量的方式承揽业务，要以提高监理工作技术含量，提供多元化、差异化、专业化服务为竞争要素来和签订合同。第四建立市场平等主体，监理合同双方必须在平等、自愿和诚信原则的基础上签订合同，提高履约能力，坚持遵守《合同法》、《建筑法》和其他相应法律法规，切实把控合同风险，签订好合同，认真履行合同，拒绝签订阴阳合同，打造诚信经营的良好企业。

从管理规章制度的更新浅谈援外项目管理模式的改革

西安四方建设监理有限责任公司　刘运厂　杜建平

摘　要： 本文通过对2014年以来商务部出台的一系列援外项目管理规章制度的解读，浅析了援外项目管理模式改革的主要内容，并提出了一些体会和建议，希望对同行们加深现行援外项目管理政策的理解有所启示和帮助，以便更好地实施项目管理工作。

关键词： 援外项目　管理模式　改革

一、引言

中国是世界上最大的发展中国家。在发展进程中，中国坚持把中国人民的利益同各国人民的共同利益结合起来，在南南合作框架下向其他发展中国家提供力所能及的援助，支持和帮助发展中国家特别是最不发达国家减轻与消除贫困，改善民生和生态环境，促进受援方的经济发展和社会进步，增强受援方自主发展能力，巩固和发展与受援方的友好关系和经贸合作。中国以积极的姿态参与国际发展合作，发挥出建设性作用，为人类社会共同发展作出了积极的贡献。

随着中国经济实力的上升和对外交往能力的提高及对外交往范围的扩大，特别是“一带一路”经济战略的推进和区域经济合作（GMS）的不断深化，我国对外援助工程项目规模持续增长，对外援助事业稳步发展，逐步形成了由管理理念、管理机构、管理制度和管理机制组成的具有自身特色的援外管理模式。我国在推进援外工程项目的同时，随着经济市场化改革和发展，也在积极探索管理模式新思路，创新管理新机制。

最近一轮的援外工程项目的管理政策改革始于2014年，截至2016年5月，商务部陆续出台了一系列管理规章制度（含配套文件，下同），主要有15个，详见表1。其中，修订了5个，新制了10个。这些新出台的管理规章制度，对援外项目管理模式方面作了重大的改革，进一步完善了我国对外援助体系，势必将进一步提高援助效果和政府、实施企业的援外项目管理水平。

下面，通过对2014年以来商务部出台的一系列援外管理规章制度的解读，浅析援外项目管理模式改革的主要内容，并提出了一些体会和建议。

二、改革的主要内容

1. 以部令形式颁布了第一个综合性的部门规章

《对外援助管理办法（试行）》（商务部令2014年5号，以下简称5号文）自2014年12月15日起实施。5号文由总则、政策规划、援助方式、项目立项、监督管理、援助人员管理、法律责任、附则八章组成，并对对外援助进行了宏观上和原则性规定。

这是我国在对外援助管理方面颁布的第一个综合性的部门规章。5号文是一个改革文件，它既总结了我国对外援助工作实践的经验，又结合了新形势下援外工作的特点。作为我国对外援助制度建设进程中的一个重大举措，它的实施无疑具有标杆性的意义，对我国对外援助事业发展具有现实的重要指导意义和长远影响，我国对外援助的法制化建

2014年以来商务部出台的援外项目管理规章制度及配套文件统计一览表 **表1**

序号	文件编号	版号	文件名称	新制/修订	备注
1	商务部令5号	2014	对外援助管理办法（试行）	新制	自2014年12月15日起施行
2	商务部令1号	2015	对外援助项目实施企业资格认定办法（试行）	修订	自2015年10月29日起实施；《对外援助成套项目施工任务实施企业资格认定办法（试行）》（商务部2004年第9号令）和《对外援助物资项目实施企业资格管理办法》（商务部2011年第2号令）同时废止
3	商务部令2号	2015	关于修改部分规章和规范性文件的决定	新制	自2015年10月28日起施行
4	商务部令3号	2015	对外援助成套项目管理办法（试行）	修订	自2016年1月8日起施行；《对外援助成套项目管理办法（试行）》（商务部令2008年第18号）、《对外援助成套项目安全生产管理办法（试行）》（商务部令2006年第15号）同时废止
5	商务部令4号	2015	对外援助物资项目管理办法（试行）	修订	自2016年1月8日起施行；《对外援助物资项目管理办法》（商务部令2011年第1号）同时废止
6	商务部令5号	2015	对外技术援助项目管理办法（试行）	新制	自2016年1月8日起施行
7	商务部	2015	商务部对外援助成套项目建筑工程一切险及第三者责任险保险实施协议（2015年–2018年）范本	新制	2015年开始施行
8	商务部	2015	商务部援外职业责任险服务承诺函	新制	含商务部对外援助成套项目职业责任险保险合同（范本）
9	商务部司（局）函	2015	关于请做好对外援助成套项目工程质量缺陷保险后续落实工作的通知	新制	含商务部对外援助成套项目工程质量缺陷保险报价承诺函、商务部对外援助成套项目工程质量缺陷保险合同（范本）
10	商合促制度函419号	2015	关于援外成套项目专家管理改革试点工作的通知	新制	自2015年8月25日起试行
11	商援发484号	2015	商务部关于印发《对外援助项目采购管理规定（试行）》的通知	修订	自2016年1月8日起施行；《对外援助成套项目招标管理规定》（商援发〔2008〕533号）、《对外援助物资项目采购管理规定》（商财发〔2011〕263号）、《商务部关于对外援助评标结果公示和质疑处理的规定（试行）》（商援发〔2006〕413号）同时废止
12	商合促制度函60号	2016	对外援助项目实施管理工作指导手册	新制	自2016年2月1日起暂行施行
13	商合促制度函60号	2016	对外援助项目采购管理工作指导手册	新制	自2016年2月1日起暂行施行
14	商合促制度函60号	2016	各类援外项目合同参考文本	新制	自2016年2月1日起暂行施行
15	商务部令1号	2016	对外援助标识使用管理办法（试行）	修订	自2016年6月22日起施行；《对外援助标识使用管理办法（试行）》（商务部2008年第16号令）同时废止

设又向前迈进了一步。

2. 首次以部令形式颁布了对外技术援助项目方面的管理办法

《对外技术援助项目管理办法（试行）》（商务部令2016年5号）自2016年1月8日起实施。它由总则、采购管理、管理程序、技术专家管理、智力成果管理、附带物资管理、附带工程管理、风险管理、受援方组织实施项目的管理程序、监督管理、法律责任、附则十二章组成。

这是我国首次以部令形式颁布对外技术援助项目方面的管理办法，规范了技术援助项目的管理。

3. 明确了不同类型援外项目的实施方式

5号文首次明确了援外项目的五种主要类型，即成套项目、物质项目、技术援助项目、人力资源开发合作项目、志愿服务项目。结合已有的成套项目、物资项目、技术援助项目管理办法，对五种主要类型项目的管理方式和实施方式作了汇总，见表2。

4. 在“中方代建”的基础上，增加了“受援方自建”的管理模式

《对外援助成套项目管理办法（试行）》（商务部令2015年第3号，以下简称3号文）第三条规定中提到，成套项目可采取“受援方自建”的管理模式。在物资项目、技术援助项目管理办法中规定，也可以由受援方组织。

传统上，援外项目都是由中方实施的，随着受援国情况的变化，有些受援国具备了一定的能力，可以实施一些项目，所以我国在现有“中方代建”的基础上，正逐步推广和受援方合作，由“受援方自建”的“本土化”管理模式。

所谓的“受援方自建”，是指受援方在中国政府援助资金和技术支持下，负责成套项目的勘察、设计和建设全过程或其中主要阶段任务，并相应承担建成

不同类型援外项目的实施方式 表 2

序号	援外项目类型	管理方式	实施方式
1	成套项目	中方代建 + 受援方自建	项目管理 + 工程总承包，企业承包责任制
2	物资项目	中方组织 + 受援方组织	工程总承包，企业承包责任制
3	技术援助项目	中方组织 + 受援方组织	工程总承包，企业承包责任制
4	人力资源开发合作项目	中方组织 + 受援方组织	提供各种形式的学历学位教育、中短期研修、人员交流以及高级专家服务
5	志愿服务项目	中方组织	选派志愿人员

后运营、维护责任，中国政府对受援方自建项目实施外部监管的管理模式。

5. 创新引入了“项目管理 + 工程总承包”实施方式

原《对外援助成套项目管理办法（试行）》（商务部令 2008 年第 18 号，以下简称原 18 号文）第七条表明，项目的设计、施工由不同的实施主体来完成，即采用设计—施工分开方式；第四十二条规定中提到，成套项目实行工程监理制度，分为设计监理和施工监理。

现行 3 号文第七条规定中提到，中方代建成套项目实行“项目管理 + 工程总承包”的实施方式。第八条和第九条规定中提到，工程总承包一般采用“采购 – 施工”（即 P–C 方式）承包方式，个别的采用“设计 – 采购 – 施工”（即 EPC 方式）承包方式。

可以看出，援外成套项目实施方式由各设计、施工、监理企业，分别承包的“设计 – 施工 – 监理”模式改为了“项目管理 + 工程总承包”方式。这种创新的实施方式，借鉴了国际工程经验和国内工程的一些做法，实施主体责任明确，管理路线清晰，可大大减轻政府的负担，同时更有利于保证项目的进度和质量，进而提高援外管理效果。

6. 取消了议标制度，实行公开招标为主、多种采购方式并举的采购方式

原 18 号文第十一条规定中提到，商务部通过招标或议标方式采购，但整个办法并没有明确招标或议标的适用范围。

现行《对外援助项目采购管理规定（试行）》（商援发 2015 年第 484 号）第十三条、第十四规定中提到，援外采购项目采用公开招标、竞争性谈判、竞争性磋商或单一来源采购的采购方式，其中公开招标是援外采购项目的主要采购方式，并对竞争性谈判、竞争性磋商、单一来源采购的采购方式的适用范围作了详细的规定。

通过上述比较，可以看出，援外项目的采购方式，从招标或议标方式采购并存（无主次之分），到实行公开招标为主，多种采购方式并举的采购方式，取消了议标制度，这种做法更符合我国招投标法和招投标实施条例，做到了采购中相对公正、公平、公开，确保了竞争性和诚信。

7. 首次出台了实施管理工作指导手册等配套文件

根据现有的管理体系文件，在总结我国援外工作经验的基础上，形成了这套实施管理工作指导手册，目前主要有：

（1）中方代建方式下，PC 模式下的成套项目管理工作指南。

（2）中方代建方式下，EPC 模式下的成套项目管理工作指南。

（3）技术援助项目管理工作指南。

（4）受援方自建方式下，成套项目管理工作指南。

（5）对外援助项目采购管理工作指南。

（6）成套项目合同范本、技术援助项目合同范本。

指导手册同时还配备了大量的制式表格、文件格式等，主要有：

（1）对外援助成套项目概算编制规则。

（2）对外援助成套项目维修保养手册（格式）。

（3）成套项目工程总承包任务工作简报格式（施工准备阶段、正式施工阶段）。

（4）成套项目项目管理简报格式（开工后、开工后）。

（5）援外项目资料归档整理与移交办法。

（6）项目技术资料表格（格式）。

8. 强化了政府监督管理

在 3 号文监督管理一章中，提出要建立健全以下制度：

（1）建立项目技术性监督审查制度，依法组织稳定的独立专家队伍对项目管理企业和工程总承包企业阶段性报送的成果文件进行全过程的专项技术监督，监督重点包括安全性、投资匹配性和立项意图一致性等，及时发现存在的重大技术、安全和投资失控问题，出具监督审查意见，并采取措施监督相关责任企业及时纠正。

（2）建立重大项目巡视检查制度，现场监督检查项目管理企业和工程总承包企业落实项目各项管理制度和合同约定的情况。

（3）建立健全项目的技术争议处理机制，通过组建项目咨询专家委员会，规范专家委员会咨询、议事和仲裁规程，对项目实施过程中项目管理企业和工程总承包企业之间出现的合同争议、技术争议和重大质量安全争议进行第三方评审和仲裁，切实提高项目技术管理的质量和效率。

9. 首次提出建立援外项目储备制度

5 号文第九条规定中提到，商务部建立援外项目储备制度。第十条中提到，进一步明确了对外援助储备项目是编制援外资金计划和预算，以及援外项目立项的主要依据。这就意味着，拟立项的对外援助项目一般要从援外储备项目中确定，进一步完善了援外项目的立项和资金管理，在一定程度上，规范了政府的对外经济援助行为，避免对外经济援助的随意性。

10. 建立项目的风险承担机制，并配套完善相应的责任保险和工程保险制度

商务部首次在 3 号文中提出，要按照市场化原则建立项目的风险承担机制，明确项目涉及的风险，规范风险承担主体责任，并按照“政策性保障、市场化运作”的原则，配套完善相应的职业责任保险和工程保险制度。将项目涉及的主要风险因素分为五类：政治外交风险、业主责任风险、不可抗力风险、设计变更风险和经营性风险，并明确了每类风险承担主体的责任及由商务部承担风险的受理的相关要求。

目前，一方面，商务部制定并实施了对外援助成套项目建筑工程一切险及第三者责任险保险实施协议（2015 年 –2018 年）》范本、对外援助成套项目职业责任险保险合同（范本）、对外援助成套项目工程质量缺陷保险合同（范本）。

另一方面，商务部对相关招标文件范本、报价规则和内包合同范本进行了修订，发布了新的成套项目合同范本、技术援助项目合同范本。

三、对于改革的体会

1. 改革体现了政府管理思路的转变

通过对这 12 个管理办法的研读，可以总结出商务部（含驻外使领馆经济商务机构、各省级商务主管部门）主要工作包括：

（1）对外援助宏观政策研究、法规制度建设，即拟订并执行对外援助政策和方案。

（2）制订援外中长期规划，即编制对外援助计划。

（3）项目监督管理，即项目立项（确定对外援助项目），并组织实施。

（4）管理援外资金的使用，开展对外援助国际交流与合作。

（5）建立全口径对外援助统计制度，收集、汇总和编制对外援助统计资料。

（6）商务部制订统一的对外援助标识，负责标识使用的监督管理。

从以上工作，可以看出商务部对援外项目管理思路的转变，即将管理工作的重点从管理具体事项比较多，管理得比较细转移到宏观调控和监管上来。商务部将一些具体的事项交由援外项目实施企业去完成，重要的事项施行报审和备案制度，简化了管理程序和流程。这种转变符合国家行政管理体制改革的要求，同时也适应新形势下援外工作的特点。

2. 管理工作更加规范化

首次出台的实施管理工作指导手册等援外项目配套文件，从项目实施的全过程，对实施企业的工作进行了详细的说明。让其明白每个阶段该做什么、如何做、做到何种程度、形成哪些记录资料，具有很强的操作性，更加规范化。

3. 将进一步调动内外对援助工作参与的积极性

（1）国内方面

工程总承包的实施方式、项目的风险承担机制的建立等一系列实施的措施，符合市场经济体制下的援外项目实施企业的利益诉求，同时也符合国际工程惯例，将进一步调动援外实施企业参与项目实施的积极性，切实让其既在实施项目获得政治上、声誉上的好处，还得到经济上的利益。

（2）受援国方面

实施对外援助项目，离不开当地人员的支持和帮助。当地人员对当地情况非常了解，同当地政府以及项目周围的社会环境打交道轻车熟路，所以，只要援助国把握住大的方向，掌握住原则性的东西，剩下的一些具体工作，可以充分信任当地人，放手让他们去完成。“受援方自建”的实施模式，正好顺应了这方面需求，也符合我国对外援助的基本精神和原则，这样既调动了当地人工作的积极性，让他们感觉到他们也是整个项目的一分子，同时也能起到事半功倍的效果。

四、对后续改革的建议

1. 加快对外援助立法进程，加强制度建设

到目前为止，我国尚没有相应的对外援助法律、法规。现有的援外制度体系仍是由部门规章为主体，由一系列规范文件、部门规章、内部规则构成的。包括正在施行的 5 号文，仍是一个部门规章，其所拥有的地位、权威毕竟不能与法律相提并论。这导致的一个问题是，

一旦与其他领域的法律法规发生矛盾时，根据我国《立法法》的规定，部门规章（法令）必须予以取消或变更。

其实，这涉及中国是否需要一部对外援助法的问题。根据商务部的相关资料，商务部在20世纪90年代的时候就曾提出过对对外援助进行立法的建议，2002年、2003年的时候，商务部又曾再次提及这一建议。不过，直到现在，立法依然处于调研阶段。

个人认为，对外援助立法，对于中国来说，一方面可总结中国六十多年的援外经验教训，另一方面，在当前国际社会对中国对外援助十分重视的情况下，可将中国对外援助战略、方式、目标等以法的形式提供给世人。建议，我们可以借鉴欧美一些国家在对外援助立法上的经验，在已经制定的有关对外援助的部门规章制度的基础上，形成有中国特色，又具有较强指导意义的科学务实的对外援助法规。当前，要加快立法的进程，加强制度建设，实现援外规范管理，使对外援助成为一项有规则、有秩序、有目的的工作。

2. 深化完善援外管理体系，适时成立独立的管理机构

随着对外援助工作的进行，我国逐渐建立了以商务部、外交部和财政部三个部门为主，多个部委以及地方省区商务部门、驻外使馆共同参与的对外援助管理体系，同时，为了进一步加强部门沟通与协作，建立了各种援外管理机制（其中就有商务部、外交部和财政部三部门援外工作联动机制），这样，基本形成了援外管理体系总体框架。

虽然，各种援外管理机制起到了加强统一管理和部门协作作用，但各部门分头实施，多点对外的状况加大了援外管理工作的难度，也会造成各部门间的相互牵制或重复援助等问题。

在我国援外事业规模越来越大的将来，可以考虑设立直属于国务院的对外援助专门机构，全面负责我国的对外援助事务，便于建立以战略为主导、统一对外、高效运转的管理体系。

3. 继续建立健全实施管理配套文件

为了更好地落实新出台的管理规章制度，建议尽快出台以下配套文件：

（1）建议出台物资项目、技术援助项目、人力资源开发合作项目、志愿服务项目工作指南。

（2）建议出台项目技术性监督审查、重大项目巡视检查、项目的技术争议处理机制等监督管理制度的配套文件。

（3）建议建立健全外援助成套项目的投标企业取得工程质量缺陷保险《承包意向函》、中标企业投保、理赔、投诉的工作流程，完善争议处理机制。

（4）建议出台援外项目评估办法。

（5）建议出台援外项目实施企业诚信评价细则。

4. 认真做好项目评估工作，确保援外项目达到预期的目的

原2008年18号文第六十四条规定中提到，商务部建立成套项目评估制度，对成套项目进行评估。2015年5号文第三十五条规定中提到，商务部建立援外项目评估制度，对项目的实施情况和实施效果进行全过程评估。这说明，项目评估问题已经引起了商务部的重视。但七年过去了，援外项目评估方面，一直没有出台具有操作性的项目评估方面的实施细则。其实，项目评估一直是我国现行援外管理的薄弱环节，长期以来我们重实施轻评估（其实，这一问题在其他国家的对外援助管理中也同样存在）。

个人认为，项目评估是下一步创新援外项目管理模式很重要的一个方面。在项目评估方面，西方现行的做法对我们有非常有益的借鉴作用，应注意学习他们的项目评估经验。在总结经验的基础上，建立项目评估与项目总结报告制度、全面统计制度和年度报告制度，制订科学可行的评估办法，全面真实地对企业执行项目情况进行评估。通过评估，掌握企业执行项目的情况，总结经验教训，及时解决存在问题，并将评估结果与实施企业的诚信评价有机结合起来，作为优选企业、项目评标及对实施企业的奖惩的依据。更重要的是，项目的评估结果可作为制订对外援助中长期政策规划和国别援助指导意见的重要依据。

五、结束语

新形势下，随着中国对外援助的快速发展，中国对外援助管理模式正处在改革与发展的关键期，作为援外项目实施企业，要适应和熟悉中国的对外援助项目管理模式，更好地学习、理解和领会商务部新出台的文件精神，以便更好地实施援外项目。

参考文献

[1] 对外援助管理办法（试行）. 中华人民共和国商务部令，2014年第5号.
[2] 对外援助成套项目管理办法（试行）. 中华人民共和国商务部令，2015年第3号.
[3] 中国的对外援助白皮书（2014）. 国务院新闻办公室[M]，2014年7月.
[4] 胡建梅，黄梅波. 中国对外援助管理体系的现状与改革[J]. 国际经济合作，2012年第10期.
[5] 何妍. 中国对外援助管理模式的建立和完善 [J]. 企业研究，2011年第12期.

浅谈海外工程项目监理

苏州东大建设监理有限公司　陈正龙　蒋福州

摘　要： 苏州东大建设监理有限公司与国内某建筑工程总承包公司合作，负责该单位承建的印度尼西亚BAYAH 10000T/D水泥生产线的土建、护坡治理工程施工过程质量监理工作。本文以此工程施工过程质量控制为例，总结与归纳监理工程师在参与海外工程项目监理工作中曾遇到的一些问题和积累的一些经验，与同行们交流探讨，以利今后在参与海外工程项目监理工作时，起到借鉴作用。

关键词： 海外项目监理　工作体会　职责

近年来，由于国内政府投资建设工程项目的减少，一些监理企业开始考虑转向海外市场，开拓新的业务领域和谋求新的营利模式和经济增长。国内的监理企业走出国门，到海外承揽监理业务或者从事项目管理，在目前是个新的课题，也是一个新的挑战。对于已经承担过海外项目的工程监理和项目管理的企业而言，有必要总结回顾，研究成败得失，以期不断提高工作水平，增强竞争实力。海外各国的国情不同，具体项目的法律体制、管理要求、施工环境以及工作条件也不尽相同。现将苏州东大建设监理有限公司在印度尼西亚开展工程项目管理和施工监理的情况回顾总结如下，供同行分享和指正。

一、工程项目情况介绍及开展监理工作中的实践

1. 工程概况

本文所述项目位于印度尼西亚爪哇岛（Jawa）万丹省（Banten）勒巴县（LEBAK）巴亚镇（BAYAH），场地呈长方形，长900m，宽556m，占地面积约0.48km^2（见图1、图2）。原场地地貌单元属于丘陵区残丘地貌，地形上差异较大，由丘陵、残丘之间的冲沟组成，大多数冲沟形成排水渠道，局部出现洼地地形，整体呈宽缓V字形，场平后现为多级台段，因而场地内形成大小型边坡较多。

合同范围包括石灰石、黏土联合破碎及长胶带输送、厂区一条日产10000t熟料水泥完整生产线、成品至项目配套码头输送部分的设计及供货、项目配套码头的装卸设备供货。另外还有34个高大型边坡工程，边坡施工有浆砌块石、格构、挡土墙、围护桩＋锚杆等多种结构和形式。

由于单位工程较多，详见表1所列。

本工程分两个区段施工，即以熟料库为界分为生料系统和熟料及水泥粉磨系统。本工程有两家土建分包单位，分别负责生料系统、熟料及水泥粉磨系统的土建施工，土建施工期间配合钢结构安装和设备安装。为缩短总工期，两个系统同时施工，齐头并进。待大部分子项陆续交付安装时，集中生料系统和熟料系统的大部分人力、物力于各区段的中转站、连接塔架和长皮带输送系统，完成后即可陆续安排部分人员撤场，从而在达到与安装的合理穿插的同时减少人员窝工以提高施工企业的效率。

2. 现场施工开工前准备

项目施工实行项目经理负责制，组织检查现场施工开工前的准备工作，及时发现问题，并负责督促处理。由PMC/监理审批开工准备情况，最终通知开工时间。其中，审核相关人员的资质证书工作尤为重要，因为国外建设主管部门对相关管理人员，特殊工作持证上岗没有特别的要求，所以监理在这方面必须按照国内的管理规定对现场的项

单位工程一览表 表1

单位工程名称	
石灰石/黏土综合破碎及输送	压缩空气站A/B
石灰石储存及输送	压缩空气站管网
矿山长皮带输送	柴油储存及供应系统
混合材（石灰石）预均化堆场及输送	柴油管网
辅助原料破碎及输送	清水池
辅助原料预均化堆场及输送	水处理/水池及联合泵房
原料配料站及输送	循环水池及泵房
生料粉磨及废气处理	污水处理A/B
生料均化库及生料入窑	户外水管网
烧成窑尾	主变电所
烧成窑中及三次风管	原料破碎电气室
烧成窑头（篦冷机）及废气处理	辅助原料破碎电气室
熟料储存库及输送	原料配料电气室
原煤预均化堆场及输送	原料粉磨电气室A/B
煤粉制备及输送	窑尾/窑头电气室
粉煤灰储存库及输送	熟料库电气室
水泥配料站及输送	水泥粉磨电气室A/B
水泥粉磨	水泥包装电气室
水泥储存库及散装发运	中控化验室
水泥包装及发运	耐火材料库
熟料/水泥输送及装船	机电修车间及通用仓库
铁砂/原煤/石膏卸车及输送	

图1　项目全景效果图

图2　项目施工现场实景图

目经理、安全主管、安全员、高压电工（现场有临时变电所）、现场电工、脚手工、电气焊工、塔吊汽车司机、挖机司机、铲车司机、压路机司机、气泵司机、运输司机等持证情况进行检查核对，做到人证相符。

业主主持召开施工开工前会议。会议的主要内容是：项目设计经理、采购经理和施工经理说明设计图纸的交付进度、设备材料交付进度及其变更情况；确定业主、EPC总承包商、施工分包商之间的协调程序；现场管理办法及有关的现场管理制度。以便建立现场的工作机制和流转程序。在正式开工前，组织学习相关的施工标准及验收规范，并进行整理和汇总；组织图纸会审，对设计的施工图、工艺图进行确认后方可开工。

3. 质量控制

本项目为水泥熟料生产线，子单体较多，并且各单体使用功能均不相同，要求施工单位按照监理规定程序及时送报各单体开工申请书及相关施工方案等文件，经监理审核通过后方可进行开工。

本工程大部分材料与设备是从国内采购运至现场的，我们要求总包单位按照规定提供国内材料供应商的相关资质证明，审查其出厂合格证和质量保证书，并且及时要求总包单位对其见证取样检测；对施工机械设备进行监控，检查施工机械设备的型号、数量和招标函所列的型号、数量是否吻合，并且要求机械设备必须安检后方可使用。

本工程采用以设计、采购、施工（EPC）一体化承包为主要特征的工程总承包模式。图纸由总包单位的设计部门设计，并采用边设计边施工的模式，图纸也没有像国内那样有专门的审图机构把关，只需业主方相关人员做一些形式上的确认即可，故在实施监理过程中对图纸的提交时间和施工质量控制就显得尤为重要。在水泥配料站的设备基础施工中，由于设计对业主提供的设备图纸理解错误（业主的设备图没有提供给监理，设备安装控制由业主负责），造成已完成的设备基础（300m^3 钢筋混凝土）拆除。而且本项目的图纸采用纯英文标注，图上的标注方式也与国内有所不同，这就要求我们要加强与翻译的沟通，看清图纸的标注方式，全面完整的读懂图纸。要求总包单位及时提供业主确认的施工图，这些是做好质量验收工作的前提。在质量验收中，由于业主参与验收的人员是当地印尼人，对国内设计的图纸、规范、相关图集理解不够全面或准确，这就需要我们在验收过程中通过翻译加强与业主现场代表间的交流与沟通，与业主代表配合完成好质量验收工作。

4. 进度控制

由于本项目大部分材料与设备是从国内采购通过海运至现场的，采购、运输周期较长，不可预见因素较多，因此我们要求施工单位必须提前做好工程的施工进度安排，和赶早提交材料采购计划、运输计划和进场计划，以便保证材料及时进场不影响施工进度。本工程大部分施工人员也是分批从国内进场的，我们同样也要求施工单位根据施工进度要求合理安排施工人员进场时间，确保现场施工人员能够满足工程需要，保证正常的施工进度。

我们要求施工单位根据业主的总体进度目标提交周施工进度计划、月施工进度计划和总进度计划及形象进度计划。监理组会及时对实际进度与计划进度进行对比，并客观分析工期滞后的原因，督促施工单位采取补救措施。监理组还要求施工单位提交网络计划，这样便于我们随时检查工程关键工序的进展情况。每月要求总包单位对整个工程的施工进度，材料、设备采购情况，以及劳动力配备等进行系统而全面的报告，与设备安装单位进行协调，根据设备的进场安装时间，确定主体结构交付给设备安装单位的时间节点。在每周的工程例会上通报施工进度计划完成情况，分析各个关键节点对工程总体的进度影响程度，及时要求施工单位对施工计划进行优化和调整。对实际工期滞后于计划工期的单体，要求相应的分包单位分析原因，调整施工步骤，合理调配施工人员、材料、施工设备，保证整体工程按照计划完成。

5. 投资控制

由于本工程采用的是 EPC 总承包管理模式，采用的是总价合同形式，除业主生产工艺流程调整和工程有重大变更外，一般不允许调整合同价格，所以监理组对总包商的费用控制内容主要为控制技术标准、使用功能，以及按照总成本合同约定需要调价部分的费用。主要通过以下三方面控制成本：

（1）控制项目工程的材料费用：在工程施工过程中，须严格用料制度，对于那些施工现场消耗较大的辅助材料则实行包干制度。

（2）控制施工人员的支出费用：在整个施工过程中，须按照工程量的大小和内部制订的劳动定额计算出施工人员的总数。通过业主提供的劳务输出人员的数量控制总包单位管理人员的结构搭配和后勤人员数量；控制施工分包单位的劳动力构成结构、数量；减少因签证造成的人员不足问题；按照印尼的劳务部门的要求招用相应数量当地的劳务工人；对国内施工人员数量的控制，间接控制施工人员的人工费用，达到控制成本的目的。

（3）减少由于失误而造成的浪费：项目工程在施工过程中，通过对质量的严格控制，努力减少返工整改情况的发生，从而降低工程的成本。

6. 安全控制

（1）建立安全责任制

项目经理作为项目安全生产的第一责任人，对项目工程的安全生产具有不可替代的作用。在项目工程施工前，所有相关负责人都必须签订安全责任书，以防出现安全事故发生后无人负责的情况。施工部组织和监督施工分包商经常检查施工现场的安全状况，掌握安全生产信息，及时发现和消除安全隐患。同时建立和保存完整的安全记录，包括来自施工分包商的安全记录。

（2）配备安全设施与安全员

安全设施与安全员在施工过程中是必不可少的，对项目工程的整体安全控制具有重大的意义。如果没有相应的安全设施，容易发生安全事故，而且一旦发生安全事故，会造成非常重大的损失，损失程度远非安全费用投入所能够比拟。另外，在施工过程中，项目部必须按照规定配备足够数量专职的安全员，各分包单位、项目单体也必须有专职安全员，当地劳务单位同样需配备足够的安全管理人员。

（3）提高全体人员的安全意识

在进行项目工程施工前，需对全体人员进行安全培训教育，提高人员安全意识，特别是对新进施工人员。当进入正常施工时，班组需做好安全交底工作，并对详细情况进行一一记录。同时在施工的过程中，还需定期对施工人员进行安全培训工作，使他们的人身安全得到最大保障。

7. 合同管理

海外项目大多采用国际上比较成熟的 FIDIC 施工总包和分包合同形式。采用总承包模式的工程项目一般都比较复杂，有众多的分包商参与项目的实施。总承包商的核心工作就是要组织、指导、协调、管理各分包商，监督分包商按照总包商制定的工程总进度计划来完成其工程和保证工程质量和安全，使整个项目的实施能够有序、高效地进行；与分包商订立严密的分包合同，促使项目有序推进。

总承包商在与业主签订总承包合同之后，总承包商与施工单位就土建、安装工程通过招投标等方式签订分包合同，将这些工程交给分包商来进行，而总承包商在工程中主要负责监督。总承包商与分包商之间是合同关系，对于分包商的工作负有直接的责任。总承包商从最初的分包工作策划、选定分包商、对分包工作的组织协调管理到最后分包工作的移交都要做充分的工作，应该设置具体的管理部门，及时提醒和纠正分包工作出现的问题，使分包工作按时、保质地进行，从而为 EPC 总承包商顺利完成整个项目提供可靠的保证。EPC 总承包商的施工部门是施工分包商的主管部门。

8. 资料管理

施工分包商应该在施工部组织监督下做好项目质量资料分阶段的收集、整理、归档工作。施工分包单位为国内单位，与总承包单位合作多年，对国内的相关工程质量管理资料的收集整改工作程序不熟悉，所以监理组进入后根据国内的《建筑工程验收规范标准》和相应的规范要求，按照江苏省建设工程的监理用表（第五版）和江苏省建筑工程资料管理、归档的要求组织分包商的相关人员进行系统的学习，按照江苏省建设主管部门的要求，令总承包单位与分包单位按照规定程序对每一个单体工程建立一整套的资料；要求工程勘探单位、设计单位必须派驻一到两名现场代表对工程定位、基槽验收，基础分部，主体结构的混凝土强度，表面观感、几何尺寸进行把关、确认；参加单体工程的由土建单位移交设备安装单位确认工作。

按照国内建设行政主管部门的精神，要求总承包单位和分包单位对持有非建筑行业特殊工种作业证的人员通过国内的相关机构进行培训、考试和换证；做到人证相符，持证上岗。

二、开展海外工程项目监理业务应注意的问题

1. 选调人员

国内监理企业选调监理人员，应注重选调有职业道德、遵守出国工作纪律、服从工作安排、坚持原则、业务综合素质高的监理人员。选调人员要坚持少而精、信得过、适应性强的人员配置原则，这样既减少了监理企业的用工成本也减少了人员增多而带来的未知风险。

2. 遵守所在国的法律法规、风俗习惯和宗教规定

印尼是世界上最大的伊斯兰国家，约 87% 的人口信奉伊斯兰教，这就更要求我们要了解并遵守相关的宗教规定，比如不要用手摸小孩的头，在伊斯兰教历每年 9 月封斋一个月的时候白天不要给他们东西吃，也不要在他们面前吃东西等。同样在海外工作，我们也要熟悉所在国的法律法规与国内的不同之处，严格遵守所在国的法律法规以及需要了解当地的风俗习惯，尊重当地风俗。

3. 保险

监理企业在承担海外业务前，不能只片面地看利润、看效益，要清楚地分析和掌握工程监理所在国存在的不利风险，如政治动荡、暴力战乱、突发事件、重大灾难、疫情疾病 、重大事故、工程所在国政府对工程监理服务行业的特殊规定、本企业承担风险损失的极限能力，等等。不利因素考虑得越全面，对监理企业是否承担此监理业务的评估结论就越准确。国内监理企业积极参加保险是转嫁风险的最佳方式。

4. 坚持公司质量检查巡视制度

虽远在海外，但公司仍组织了巡视检查小组对项目监理组进行了巡视检查，并对检查现场监理工作中发现的问题及时要求项目监理组进行整改，并结合现场实际情况对我项目监理组的工作指出了需要完善的地方。坚持公司质量检查巡视制度既是对派驻海外项目监理组的有效监督，同时也是体现监理企业对业主委托项目的认真负责和积极态度。

三、结语

海外巨大的工程项目市场给监理企业发展提供了广阔的舞台，如何把握机会，带动企业完成一次跳跃式的发展，是值得每一个工程监理企业认真思考的。同样，公司承接海外监理项目对于每一个监理人员来说也是一种挑战，我们必须要更加努力地学习专业知识，更牢固地掌握专业技能，用更积极的态度来开展监理工作，为公司的发展作出自己最大的贡献！

推行“行业自治”重构武汉监理行业发展新秩序

武汉华胜工程建设科技有限公司　汪成庆

摘　要： 本文从重构武汉监理行业发展新秩序的必要性和紧迫性展开，着重探讨在行业当前面临的严峻形势下，采取“行业自治”的创新思路，由此，重构行业发展新秩序进行突围的具体路径，为行业人开启发展新思维、新视野和新境界提供新方案。

关键词： 监理　自治　秩序　价值　愿景

自1988年试点监理制度以来，武汉市监理行业伴随改革开放的大潮，参与了武汉美丽城市建设的方方面面，为确保建设工程质量安全和投资效益的发挥，促进了武汉市工程建设管理水平的全面提高，贡献了监理人的心智和力量，得到了全社会的广泛认同，与此同时，行业自身实力也得到了极大增强。但不容置疑的是，与其他建设工程主体相比，监理行业的发展秩序尚未系统形成，与之相对应的监理企业综合实力、人员素质、技术水平、管理手段、服务能力、项目团队打造、市场行为、行业自律以及监理工作中的履职尽责等方面仍有很大的提升空间。尤其是在当前行政体制改革持续深入、监理市场全面开放、监理服务价格全面放开、政府事中事后监管力度逐步到位和经济下行压力加大，整个建筑市场萎靡不振等各种不利因素的冲击下，武汉地区监理企业该如何突围，从而实现自身的发展壮大和转型升级？是值得我们深思而又不可回避的现实问题。

下面就本地区监理行业如何通过“行业自治”重构发展新秩序，有效推动行业发展和企业进步谈谈自己认识，供行业同行们批评指正。

一、需要重新审视的武汉监理人秩序观

二战期间，美国空军在实施轰炸作业时，发现经常有作战失误，而且是大规模的投弹失误。于是，美国空军就从哈佛大学召集了一批专事统计的高才生入伍，对空军作战进行数字化改革，大大提高了空军轰炸的命中率，也降低了飞机的失事率。当时的这种数字化改革就是打破美国空军过去传统的作业秩序，取而代之构建数字化作战新秩序，使战争赢得了全新的胜利。这个故事给了武汉建设监理人这样的启示——武汉建设监理行业发展需要重构新秩序吗？这一秩序又在哪里？行业管理者、企业领导者是否就这一问题作过深度思考？这里面既要打破固有旧规则（旧秩序），又要激发新活力，还要有效约束行业发展的不合理性，去确立新规

则，构建新秩序，周而复始、循序渐进地推动行业进步。

武汉建设监理人应带着推进监理行业发展的情怀，在构建行业发展新秩序的道路上，紧紧围绕“有序竞争、合作共赢、履职尽责”为核心内容的行业发展规则，从监理人的思想秩序、文化秩序和市场秩序三个方面着手建立属于监理人自己的行业新秩序。一个大众创业、万众创新、全面开放的时代，需要武汉监理人有开放的思维和迎接挑战的勇气。过去，市外、省外监理企业进驻武汉，我们总有这样那样的排斥思想，总希望政府能出台相应的措施、办法来限制他们，约束他们，提高他们进汉的成本，增添他们进汉的麻烦。这当然不仅仅在武汉，在全国各地都一样，甚至比武汉更甚。这些老旧的观念已与当前的大形势不相适应。因此，我们应从思想上、胸怀上具备更宽阔的接纳能力，要主动接受这一现实，不仅要真诚地欢迎他们进来，更要接纳他们、帮助他们，使之成为武汉监理一家人，共同为建立武汉监理行业发展新秩序、促进武汉监理行业良性发展作贡献，这就是我们对待外来企业应该重构的思想秩序。

每个行业都有自己约定俗成的行业规矩，长期发展沉淀下自己的行业文化。武汉建设监理行业也不例外，近三十年的发展也形成了武汉特有的监理文化。这些文化元素虽不系统，但隐隐约约也看得清楚，例如，干监理有“三得”：“装得、受得、值得”，也就是说干监理必须装得下事（监理是个筐）；干监理要受得了气（监理行业属于弱势群体）；干监理能得到业主和各参建主体的好评和赞誉，我们就觉得很值得。类似于此的监理文化充其量是一个“得过且过、小富即安”的文化，对监理自身的履职能力和责任担当没有高的要求，长期以来自然形成了“只求不出事，不求大作为”的从业文化，这些是对监理自身的价值取向和行业初衷及发展方向的“文化背叛”。我们应倡导监理行业仍然是工程建设领域的人才高地，应该也能为业主、社会提供高品质、高附加值的工程咨询服务。武汉监理人不仅要为社会创造价值，更要履行好行业责任和从业使命，要打造属于自己的行业文化，从而提振监理人的信心，鼓舞监理人的士气，缔造出体现监理人价值的行业文化。因为，有价值才有分量，才有需求，才有作为，我们要根据明天的价值需求，培育好今天的行业文化，让行业价值取向引领行业需求，这就是监理人要重构的文化秩序。

再说市场秩序，监理行业谋求的市场秩序应建立在企业平等、公正合理、互相依存、命运共同、合作共赢的基础之上。市场秩序的实质是对经济利益关系的规范，反映的是市场法则的实施状况，而市场法则是为了有效规范市场主体和市场交易的行为，达到规范和调整市场主体经济利益的关系，使市场有序运行的目的。其实质就是要以规范监理企业经济利益关系为手段，促进监理市场有序运行。然而，监理行业有序运行的市场秩序又不能自然形成，它同其他行业一样，需要借助外在力量推动才能形成，这里面主要靠政府力量来定位和保证；其次，靠行业组织力量来构建和维护。为什么在这一市场秩序建立中需要政府和行业组织的外力来共同构造呢？主要基于以下四个因素：第一，各

企业对于自身经济利益的追求不同，必然产生行为和方式上的差异。有些方式可能是正当的，是人们能普遍接受的；有些方式则可能是非正当的，是不为人们所普遍接受的。第二，人们对各种经济行为的认识，存在着价值观念上的差异，从而导致行为方式的取向难以趋同。第三，长期形成的监理市场结构的自动调节功能受到损害，因而由“看不见的手”引导监理市场的秩序不能有效形成。第四，全国各地监理企业涌入武汉，其经济条件、文化价值差异、市场行为方式和监理工作履职尽责要求存在异同，从而不能自动形成武汉本土所需要且具有普遍约束力的市场秩序。在当前的监理市场环境下，即使是建立了一整套的监理市场秩序规范、公约，由于受到监理市场供需状况、各监理市场行为决策者、执行者个人的政策法规水平、政治觉悟、伦理道德观念以及价值标准、文化素养、企业管理水平等方面的影响，其手段和方式都要发生根本性的改变。因此，监理市场秩序不可能自动地起作用，不可能产生对监理市场运行的约束效力。鉴于此，监理市场秩序的构建和运行必须建立在各监理市场主体充分意识的基础上，再借助政府和行业组织的外力才能产生应有的效果。良好的监理市场秩序，不仅要求所有监理市场主体都能认同那些约束他们相互关系的一般条件，而且也要他们能够同意那些使他们被动接受的条件。这就是我们为什么要在武汉建设监理行业推行“行业自治”，重构本地区监理行业以“有序竞争、合作共赢、履职尽责”为核心内容的行业发展新秩序的根本原因和动力所在。

二、创新行业发展理念，实现协会工作从“行业管理”向“行业治理”转变

2016 年 5 月 31 日，协会召开了第五届一次会员大会，完成了行业领导班子的顺利交接。在本次大会上，新一届班子向全体会员郑重提出了本届协会将从“行业管理”向“行业治理”转变的创新思路。那么，行业治理究竟该如何推进，其目的又何在？

在我看来，“行业治理”只是构建监理行业发展新秩序的手段，它本身不是目的，它包含行业自律、行业交流、行业互助、行业维权、行业履职和行业社会服务等各类主体行为，同时由其衍生出的直接载体便是“行业自治”。一个行业，只有实现了真正的“自治”，在行业规章制度、行业公约等有形载体和行业文化、行业价值认同等无形规范的约束下，朝着良性的发展轨道迈进，它的基因才是良性的，它的发展才是稳健的，它的内外循环才是有机的。如若实现此等格局，何愁行业不兴，何愁行业不强！

“行业自治”，是行业自身的被迫行为。监理行业发展到今天已不再是遇到瓶颈的问题，而是到了最危险的时刻，监理人的命运只能靠自己去把控，只能掌握在我们自己的手中，指望任何组织都只是一份奢望。“行业自治”是一个从无到有、从模糊到清晰、从复杂到简单的新事物、新概念。希望通过行业全体领导带头周密策划、精心组织、精准实施、有效落地回报丰厚的一系列自治活动，把武汉建设监理行业各条战线上我们的盟友、我们的朋友、我们的伙伴紧密团结起来，引领大家进入到一个有规则、有轨道、有共识的秩序上来，使其实现良性发展，共同受益。如此，将不再有恶意扰乱市场的企业和个人；如此，将不再有孤立无援的彷徨和无助；如此，将不再有人心涣散、企业举步维艰的困窘；如此，监理行业才能真正实现“一家亲”的大繁荣。大家在行业的利益面前，没有零和博弈，只有合作共赢；没有恶性的价格战，只有良性的价值战；没有恶意诋毁他人，只有陈述自身优势。大家相互尊重，利益共享，抱团取暖，该是多么温情和谐的画面！

三、“行业自治”和“行业自律”的相互关系

有人会问，“行业自律”都没有搞好，又怎么

搞出个“行业自治”，“自治”与“自律”有何联系与区别？在我看来，不仅是监理行业，各行各业都有一个“自律”的问题，只不过监理是提供技术咨询服务的行业，对自律的要求可能更高，也正是因为我们的“自律”未搞好才提出来搞“自治”。希望通过自治的方法和手段来推进自律工作，从而有效构建行业发展秩序，建立本地区行业发展的新规则，打造行业命运共同体和荣誉共同体。“行业自律”的面相对比较窄，它主要体现在两个方面，一是工作自律，包括企业诚实守信、监理人员到岗履职；二是市场自律，在投标竞标的过程中，是否存在着个人主义的恶意压价。一个企业要生存、发展、壮大，必然要以创造经济效益为基础，靠无序、混乱的价格战，必然会导致企业惨淡经营，带来企业抗风险能力降低，人员待遇随之降低，高素质人才进不来、留不住。监理行业作为高密集的知识型服务行业，如果不以人才的培养为支撑、不以挖掘人才、培养人才为己任，直接的后果就是监理履职严重不到位，行业的发展出现岌岌可危的现象。

前面说到，“行业自治”是一个相对宽泛的体系，“行业自律”只是“行业自治”中的一部分，同时也是“行业自治”的有效抓手和主要落脚点。目前“行业自治”的工作内容将着重放在“行业自律”上，放在广泛的行业内部交流学习上，放在统一全行业的思想认识上，放在提高全行业技术水平和监理手段创新上，放在全行业人员素质提升及监理工作履职尽责的服务能力提高上，放在提高企业效益和监理从业人员普遍待遇上。只有这些工作做扎实了，才实现了真正意义上的“行业自治”，才看得到“行业自治”给行业带来新秩序所产生的成果。

四、开展“行业自治”的思路与举措

行业治理的总体思路是：努力构建党委领导、协会主导、会员参与、政府监管、社会监督、行业自律的监理行业治理新格局，使会员单位既充满活力又和谐有序，既不打“价格战”又能打“价值战”，充分发挥工程监理作用，提升监理行业效益，促进行业健康有序发展。

我们要在加强企业自律、维护行业利益、加大行业交流、开展有序竞争、强化监理作为、倡导诚信经营上动真脑筋、下真功夫，以促进行业技术进步，企业、个人效益双提升；构建行业自治体系，让大企业有责任、能担当，中小企业有贡献、能自律，从而集结全行业人的集体智慧，打造全市监理行业“一家亲”。由此，行业自治体系的实现形式是：建立会长（常务副会长、监事长、副会长）牵引、常务理事（监事）主导、理事带头、会员参与、协会监督的行业自治体系新构架，形成以“1+2+5+N”为单元的多小组构成的行业自治新格局。在“行业自治”大格局框架内，分别成立自治工作领导小组、工作小组及监督协调小组，共同推进此项工作。

行业的明天，要由行业内的全体同仁共同去维护、去实现，而未来的幸福果实也将由全体践行者去摘取。28年来，武汉建设监理行业长期在价格战中挣扎厮杀，已经饱受低价竞争之苦，行业的技术进步和人员素质提升也因此受到严重影响，我们的从业尊严和地位每况愈下。由于低价，监理企业无利可图，发展缺少后劲；由于低价，行业内优秀监理人才流失，服务品质一直在较低水平徘徊；也可能是因为低价，行业患上了“弱、乱、散”的慢性病，失去政府信任，失去社会人心，我们自己也逐渐丧失了发展的信心。

可是，行业的发展依然需要持续推进。监理人要做现实世界与理想人生的承担者。低价竞争得到的只有责任，失去的却是效益、是尊严。低价竞争反映出的表象是行业自律不到位，实则是行业发展秩序比较混乱，行业发展环境比较糟糕。站在供给侧结构性改革的角度上看，监理行业首要的是需深刻反思我们过去所提供服务的价值。在一个供大于求的监理市场上，如若继续按照传统方法做监理，只能是沿着“低品质到低价格，再到更低品质”这样一条不归之路上恶性循环走下去。因此，我们要以构建行业新秩序为目的加强“行业自治”，按照监理行业供给侧改革的要求去改变监理方法，履行监理职责，提高服务品质，才有新的出路，赢得新的发展。

五、行业发展新秩序可预期的愿景

经过近三十年的事业发展，监理人不是没有智慧、没有实力，而是智慧的分散、实力的对冲，现在是到了凝聚智慧、壮大实力的时候了，由此，作为行业发展引领者的行业协会想到了“行业自治”的新路子。

然而，这项工作的实现不是一蹴而就，它将是一个不断开展活动、统一思想、统一认识、加强自律、提升作为的过程，要让全体会员单位在这一自治过程中不断吸取营养、尝到甜头、获得利益，实现“行业自治”工作从“要你自治”提升到“我要自治”的新境界，实现“行业自治”工作真正的自发、自觉，推动行业治理迈上新台阶，人才队伍建设迈上新台阶，费用收费标准迈上新台阶，使得行业发展既有活力，又有后劲，继而推动武汉建设监理行业可持续发展，成为全国监理行业走在前列、做在前面的排头兵，进而可实现在全国社会组织中形成可复制、可借鉴、可推广的宝贵经验，在本地区社会组织中形成示范效应、带动效应，为我国社会建设、社会治理贡献武汉建设监理人的心力。

只看到短期，就不会拥有长期；只看到眼前，就不会拥有安稳的未来。“价格战”一定没有赢家，“价值战”只会有输家。迄今为止，“行业自治”在全国似乎没有先例，这将是一项具有开拓性、挑战性的工作，必须站在全市监理行业一盘棋的高度上，充分依靠全体会员的广泛参与，从各个层级将这项具有开创性、前瞻性的工作落实好。我们呼唤行业出彩，我们谋求行业尊严，我们推进行业繁荣。我相信，从“行业自治”开始，我们行业的繁荣昌盛将迈出坚实而稳健的第一步！我们行业自治的全体参与者必将成为永远的大赢家！

天行健，君子当自强不息。我们一直在路上，我们永远在追求。行业的换届工作已落下帷幕，新一届协会理事会有没有作为、能不能干点让全体会员受益的事情，我认为，行业自治工作将是这艘出海航行行业巨轮上的“动力源”。我相信，武汉建设监理行业通过“行业自治”，在制定好规矩、好规则基础上将有效形成好秩序、好行为，把自己的命运牢牢掌握在自己的手中，这一天的到来也必然是行业繁荣的黎明。在一个有着良好行业秩序的环境中谋求事业发展，不仅能让参与者有自信、有方向，更能让践行者有回报、有尊严。我们竭诚期待各界社会人士的鼎力支持与帮助，共同为构建武汉监理行业新秩序建言献策；我们倡导公平正义，我们呼唤温暖快乐，我们憧憬行业昌明，行业强盛，有尊严有荣光。心中有阳光，脚下就有力量，让我们即刻开始“行业自治”行动吧，为武汉建设监理行业的美好明天而不懈努力！

电力监理行业现状和发展前景调研报告（下）

中电建协电力监理专委会调研小组

五、电力监理行业存在的问题

（一）对电力工程监理的定位存在认识误区

电力工程监理单位是电力工程建设市场中一个相对独立的第三方，监理人员在为业主提供优质服务的同时，应该以客观、公正、科学的态度和方法去处理在电力工程建设过程中业主与施工单位之间的利益纠纷。然而，现实中大量存在对电力监理定位不明确，对电力监理的职责和作用认识有误的情况，这些误区大大制约了监理行业的发展。主要体现在以下方面：

1. 法律法规对监理的定位与理论上的认识不一致。理论上对监理最初的定位是智力型技术咨询与管理服务，其工作内容是进行工程的“三控制，两管理，一协调”。然而法律法规的规定和实际工程项目中，监理逐渐变成业主的管理员、施工的质检员、安检员，成为技能型的工种。与国际工程咨询业成熟高端的产业状况相比，我国的工程咨询市场需求不旺，行业发展的法律引导不明确。虽然法律规定强制监理培育了工程监理市场，但缺乏强制监理的范围和责任，以及相应的合理报酬来保障，强制监理反而成为监理行业遭受诟病的主要原因。

2. 有相当数量的投资主体对监理行业的性质和功能在理解上存在误区。认为监理企业是作为国家政策强制性保护的游离于参建主体之外的，对建设目标实现与否无重大利益关系的角色而参与工程建设全过程的。这种观念和看法主要表现为两种情形：一是对于建设监理具有排斥感，认为建设监理企业被赋予的监督职责往往只能对项目建设带来进度拖延、造价增加等负面影响，所以在各项程序和流程上习惯性采用回避的方法，对监理只是简单的结论告知，只要建设监理方按被告知结论完成程序链即可。另一种反应则是既然聘请了监理企业，就应予以充分利用，把建设监理企业和人员当作多方沟通的话筒，文件传递的邮差，了解工程状况的眼镜和资料收集的硬盘来简单、机械地使用。

3. 部分承建单位对监理企业的认知和看法也存在着误区。有部分施工单位认为监理人员的主要职责就是监督电力施工现场的工程实体质量，而对施工单位的工作制度、工程流程则无权过问。这类承建单位把建设监理的监督职责首先看成是裁判手中拿着的红、黄牌，而对于如何不让这位裁判举牌，想到的不是如何完善自身的控制体系，强化自身的自检机制，而是如何回避甚至隐瞒问题。也有部分承建单位利用了建设监理的监督职能，在把建设监理当作是免费的检查员的同时，顺理成章地忽略了重要的自查环节，等到建设监理提出问题后照单整改，把通过监理检查作为最终目的。

（二）电力监理行业在市场经济体制下竞争力不足

相比发达国家的监理行业的市场化发展和竞争，我国的监理行业得到了政府政策的强制性保护。这一措施确实对我国监理行业的生存和发展带来推进作用。但是，随着市场经济体制的不断深化，电力监理行业在市场竞争中处境艰难。主要表现在以下方面：

1. 业主企业与电力监理企业议价能力差距过大。

目前我国对监理业务实行政府指导价，长期

业主企业与监理企业议价能力分析　　表4

项目	分析	结论
综合结论	业主的议价能力较强，监理企业议价能力较弱	
政府对监理收费的规定	我国对工程监理业务实行政府指导价，长期以来取费标准和实际取费水平一直停留在较低水平	强
客户对工程监理的重视程度	大多数业主单位，一般不具备工程项目管理能力，对建设程序，尤其是监理制度不了解，或不愿放弃对工程项目的管理权，随意压低监理费	强
转换成本	各专业的工程监理企业众多，特别是房屋建筑工程企业，因此业主容易找到其他监理单位	强
监理服务的替代性	我国监理企业普遍技术水平较低，同专业类的企业提供的监理服务大同小异，各企业提供的监理服务替代性大	强
客户偏好	工程监理业务的承揽主要通过招投标方式，很多建设单位尤其是私人投资的项目不是优先考察监理单位的资质、人员的素质，而是以最低的监理取费标准作为选择的唯一标准，投标价格较低的企业更容易承揽业务	强

以来，监理行业的取费标准和实际取费水平一直停留在较低水平。现行监理取费水平仅能维持监理企业的基本成本。从以下分析可知，我国的监理企业在议价中对业主处于弱势地位。

有的业主以低价中标为信条，不考虑工程的真实造价，不考察投标单位真正实力，不考虑优秀的监理给工程创造的综合效益，以低价中标作为节省投资、防止腐败、显示政绩的主要指标。业主企业与监理企业议价能力差距过大，导致监理企业特别是中小型监理企业在市场竞争中处于劣势地位。

2. 行业内部竞争激烈，恶意低价竞争时有发生。我国监理行业一直存在取费偏低的问题。与国外其他监理企业相比，收费不到国外平均收费标准一半，特别是低造价项目的监理服务更加低廉。部分监理企业靠低价竞争争取市场。有的监理企业为了中标，用降低价格来提高中标的保险系数，以低价作为主要竞争手段。在卖方市场的主导下，参加投标的企业的报价一降再降，以求自保。有的建设单位在招标价格公布之后，仍然要求监理单位降低价格，甚至签订“阴阳合同”。在调研中发现，一些大型火电项目监理的中标价甚至达不到预规额的 60%。根据近年来投标统计数据分析，2 台 300MW 机组全过程监理合理中标价大约在 900 万元上下，低价中标则在 650 万元左右，2 台 600MW 机组全过程监理合理中标价大约在 1300 万元左右，低价中标则在 900 万元左右。对于建设周期长的低造价项目而言，要保持监理服务质量，监理企业成本压力非常大。另一方面，虽然目前我国监理服务收费行为已迈入健康发展的轨道，但不可否认的是仍有少数委托双方未严格执行相关标准，这种行为势必会以降低服务质量为代价，也打破了监理行业价格市场的规范有序，最重要的是，低价竞争使得监理行业对高等级专业人才缺乏吸引，对整个监理行业产生了不良影响。

3. 电力监理企业“走出去”的竞争能力不强。中国自 2001 年加入 WTO 以来，顺应国际化大趋势，逐步走向国际市场。越来越多的国内大型监理工程咨询公司进入国际市场，与制度成熟、管理先进、技术领先的国外咨询企业相比，我国的监理企业长期受到保护性政策影响和控制成本的压力，缺乏技术、制度等方面创新的激励。监理企业如何在生存和发展的意识层面上脱掉市场保护的外衣，总结市场发展规律和需求，从服务产品的质量、服务增值、差异化服务产品等方面多做文章，以适应市场规律，满足市场需求，应对国际化带来的机遇与挑战，是摆在监理企业面前的一个重要问题。

（三）一些行政行为对监理行业存在不良影响

1. 法律法规体系不健全，导致监理行业责权利不对等。法律法规赋予监理的监管权力得不到有效保障，监理承担了不该承担的责任和风险。业主权益过大，相关法规对其约束能力较弱。调查表明，目前工程项目投资和进度控制主要由业主主导，监理工程师大多只负责实际工程量的核算。在合同价款和工期增减等方面，基本上由业主决定。监理对投资和进度的控制无能为力。监理的安全责任不明确，给监理企业和监理人员造成了巨大的压力和伤害。由于现实工作中安全责任的主体往往被混淆，处罚的对象不准确，处罚的尺度不精确，甚至颠倒主次，使监理企业的声誉和监理工程师的精神受到极大的伤害。有的工程发生安全事故，不管监理工程师是否履行职责都要受到处罚；有的工程发生事故后，项目总监理工程师被判刑，而施工单位的项目经理却逍遥法外。

2. 监理资质审批部门分散造成监理咨询产业链的断裂和市场的分割。政府行政主管部门对监理咨询的监管以企业资质管理为主，企业资质管理以个人注册管理为主。例如，目前，我国工程监理、设备监理、环保监理、咨询、招标代理等资质分别由不同的部门审批，工程监理资质由住建部批准，咨询资质由国家发改委批准，设备监理资质由质监局批准。不同的资质承担不同的咨询业务，造成了业务链条的断裂和市场的分割。

3. 监理企业的发展仍受到地方保护壁垒的制约。地方政府或主管部门为了保护本地区企业的发展和利益，在地方政策规章上对地区以外企业的进入和竞争设置了较多的障碍。很多优秀的监理企业在向外地市场拓展的时候几乎都遇到了这个问题，进入外地市场时在办理相关准入手续过程中花费大量的人力、物力和财力；成功进入该地区后，在开展监理及相关服务的过程中仍然会面对非常多的门槛。这种现象的存在，使得很多地区性的大型监理企业对进入外地市场存在顾虑。监理企业的规模和综合能力都遇到了发展的瓶颈，并最终导致我国监理企业整体竞争能力不高，在面对具有全球服务经验的国外同行的竞争时，丧失了原本可以培养的优势。

（四）我国监理市场中诚信体系不够健全

1. 少数业主合同意识薄弱。有的业主不遵守合同法，制造霸王条款或违反合同约定，任意扩大监理范围，加大了监理工作量以及延长工期，却不增加任何费用。我国目前的监理主要是施工阶段的全过程监理，但有些建设单位将工程前期的准备工作也让监理承担，例如，前期决策咨询、设计监理、招投标与采购、设备监造服务等工作要求监理公司承担，但不增加监理费。有的工程项目尚未开工业主就要求监理人员提前进场；工程延期，超过合同约定工期，监理费用却不作调整。

2. 少数监理企业和从业人员诚信意识淡薄。有些监理企业只注重短期利益，盲目扩大市场，降低监管力度和监管水平，放弃了独立、公正的立场，丧失了监理的公信力。部分监理企业管理不严，部分监理人员缺乏应有的职业素养，业务水平不高，责任心不强，缺乏诚信意识。这些都对监理企业树立良好的品牌形象、监理行业长期稳定发展产生不良影响。

（五）监理行业内部的问题制约了行业发展

除上述问题外，监理行业内部也存在一些不容忽视的问题。大致分为：

1. 监理行业的高端人才培养与贮备建设滞后，高素质监理人员流失严重。长期以来，监理企业的人员不稳定，近年来更加严重。由于监理费用、实施成本等多方面的原因，很多监理企业已习惯于或是服从于实用主义，即人才的引进及人才梯队的建设以满足企业维持现有项目实施为要求，甚至将生产性人员数量与所承接的项目数量挂钩。一些企业为了维持运作，聘用刚毕业的大专院校的学生和没有工程管理经验的人员从事监理工作。甚至有的企业有项目了再招聘。这种雇佣兵式的人力资源策略对于刚起步的监理企业能起到节约成本的效果，但对于大型专业监理的企业而言，这种着眼于短期利益的策略无疑严重影响了企业的长期发展。同时人才梯队的缺陷也势必影响监理企业的服务质量，打击高等级人才进入监理行业的积极性。由于收入不高，责任越来越大，很多熟悉和热爱监理工作、已具备较强工作能力的工程技术人员都离开了监理岗位。

2. 电力监理企业的服务产品过于单一。多数电力监理企业以电力建设监理服务为主营产品。其原因主要是监理产品的服务经验较为成熟，人力资源较为丰富，市场总量大，服务报酬相对高等。但如果对服务产品和市场需求进行认真地分析可以发现，招标代理，造价咨询等服务产品虽然目前市场总量和服务酬金绝对值不如建设监理产品，但服务成本和风险相对较低，发展前景广泛。建设监理企业在提供监理产品的基础上，通过扩展招标代理，造价咨询等服务，积累经验和人才资源，可以为企业开发全过程项目管理服务产品奠定一个重要而又扎实的基础。

六、对策和建议

在调研的过程中，调研组从不同的对象和不同的层次了解到，全面深化工程建设体制和电力体制改革对监理行业的发展是一个重要的机遇，上述各种问题和困难是可以在改革中得以解决的。无论改革的走向如何，但改革的目的是要建立符合市场经济的电力工程监理咨询体系。

（一）政府给予政策支持

1. 从国家法律和政府宏观管理的层面，进一步完善建设工程监理制度，准确定位建设工程监理。实行“政府的对政府，市场的归市场，企业的归企业”。明确界定强制监理的范围，将涉及国家安全、公民人身安全、国有资产安全的工程项目实行强制监理，强化监理的权威性，明确强制监理的工作范围和责任，以及相应的合理报酬来保障，真正发挥监理的监管作用。对于非强制监理的工程项目实行市场的自由选择，进行国内监理咨询市场和业务的整合，形成统一、完整、开放的工程监理咨询市场，真正实现市场在资源配置中的决定作用。建立技术风险责任担保和保险制度。降低从业责任风险，化解监理咨询业技术责任风险，解除监理咨询人员的后顾之忧，保障其合法权益。

2. 逐步淡化以企业资质为主的市场准入管理，形成企业综合实力评价标准。政府行政主管部门对监理企业的管理，重资质审批，轻市场行为管理，缺乏对企业诚信以及综合实力的评价标准。企业一旦获得资质后，不管市场行为如何，基本上都能生存下去，不能形成优胜劣汰的机制。在调研中，我们进一步了解到，经过了 30 年的市场竞争，一批大型的电力监理企业已经成熟，具备了较强的市场竞争能力和业务实力，淡化监理企业资质给这些企业带来更大的经营空间；但对于一些中小企业却是较大的冲击和契机，迫使这类企业从追求资质级别向提高企业的市场竞争能力和业务实力转变，从培养员工取得注册监理工程师资格向切实提高员工的素质和综合技术能力转变。而不能完成转变的企业则面临着被淘汰的危险，这样有利于电力监理队伍的良性健康发展。

3. 规范电力工程建设市场各方主体行为，推进电力工程监理市场规范化建设。建设单位是工程建设市场的甲方，在市场竞争中起主导作用，首先要规范建设单位的行为，规范建设监理的招标行为和履约行为。其次要规范监理企业的市场行为。监理企业要规范投标行为，履行合同义务。应深刻研究将承担监理的建设项目的设计方案、技术特点、合同管理风险等问题，研究建设单位的管理特点和需求，认真制订监理技术方案，合理配置专业技术人员、管理人员，提出应标文件。加强对违法、违约行为的制约和处罚，促使建筑市场中的各方主体合法履行自己的职责。

4. 引导电力工程建设市场各方主体遵循市场原则，形成科学合理的监理取费标准。发挥市场在监理行业的资源配置中的决定性作用首要是定价机制。由市场决定价格，对于不同资质的企业来说，将在短期内共同面对定价标准缺失、恶性竞争对手增多等问题。因此，引导电力工程建设市场各方主体遵循市场原则，形成科学合理的监理取费标准是一个重要问题。建设以能力、服务、实力、诚信、品牌等为主的企业评价和市场定价标准，是政府、协会、监理企业的共同责任。倡导公平竞争，依法执业，诚信服务，合理收费，信守合同。抵制低价恶性竞争，对于低于成本价投标的监理企业及其行为公开曝光。引导监理企业诚信经营，宣传推广诚信的典范，鼓励监理企业成为建设单位的价值创造者。在提高服务质量的基础上，合理提高监理取费标准。由行业协会牵头组织制定按监理企业等级（综合、甲级、乙级）、企业资信等情况发布取费的参考价，以充分体现不同级别的企业品牌、实力价值。

（二）行业实行自律管理

1. 加强行业自律管理，健全行业自我监管体系。实行协会自律管理，加强服务意识，在政府和企业之间发挥桥梁纽带作用。建立人才评价标准、企业综合实力评价标准、信用档案信息系统等。

以人才资格评价为重点，加强行业自律管理，建立行业人才资格评价标准。在中国电力建设企业协会的组织下，主动承接政府行政职能的转移，建立电力监理行业人才资格评价标准和体系。

以诚信体系建设为核心，加强服务能力建设，建立企业综合实力评价标准。充分发挥中国电力建设企业协会的组织管理和技术平台作用，建设电力建设企业信息平台，形成监理企业综合实力评价标准。

以公开监督为目的，建立行业内监理企业和企业所属专业技术人员的信用档案信息系统。在行业内部实行信用记录公开化，设立荣誉平台和曝光平台，对本行业内部发生的典型事迹通过荣誉平台表扬，对发生严重监理责任事故者在本行业协会内曝光、通报，通过上述形式促进企业加强管理、创新发展。

2. 发挥行业协会作用，推进工程监理行业健康发展。行业协会是政府部门的参谋和助手，同时又是政府部门与工程监理企业、监理工程师之间的桥梁和纽带，要充分发挥行业协会作用，推进工程监理行业健康发展。加强行业调查和理论研究，为政府部门制定法规政策、行业发展规划及标准当好参谋和助手。搭建交流平台，推动工程监理技术进步，提供人才培养、培训服务，为工程监理企业、注册监理工程师提供优质的相关服务。

3. 以海外工程项目为服务对象，组建综合性服务协调机构。组织高层级团队，继续开展海外工程项目现状调研，借鉴国际模式，制定管理办法；组织专业团队，制定各类监理咨询企业的海外工程参考标准；组建“一带一路”电力工程项目监督机构，定期监控项目执行情况。

（三）企业提高市场竞争能力

目前，全球经济继续缓慢复苏，我国经济处于“经济增长速度的换挡期、经济结构调整的阵痛期、前期刺激政策的消化期”，经济发展进入中速增长的新常态。面对新形势，调结构、促创新、抓改革成了破解经济问题的突破口。随着市场经济的进一步发展，出现各种新情况、新问题，需要从管理体制和机制上进一步完善和解决。特别是党的十八届三中全会召开以来，国家行政体制改革力度加大，简政放权、消减行政审批事项、发挥市场的主导作用，已成为当前行政管理体制改革的主旋律。从电力行业情况看，2014 年全社会用电量增速明显放缓，部分地区电力产能过剩比较突出，这与经济结构持续调整导致经济增速放缓有关，今后电力需求中速增长可能成为新常态，包括电力监理单位在内的电力企业要适应这种新常态，彻底转变过去盲目追求规模速度的发展理念，保持科学理性的发展心态，坚持走智力密集型、技术密集型、服务密集型的监理咨询之路，引导推动企业转型升级。

1. 以国内市场为目标的企业，要抓住工程建设体制改革的契机，向项目管理企业转型。住建部颁布的《关于培育发展工程总承包和工程项目管理企业的指导意见》、《建设工程项目管理试行办法》等文件，把建设工程项目管理定义为“受工程项目业主方委托，对工程建设全过程或分阶段进行专业化管理和服务活动”。《指导意见》鼓励有条件的工程监理企业向工程项目管理方向发展，进一步拓展业务范围，为工程建设提供更加全面的技术和咨询服务。工程项目管理不仅仅是工程监理业务的拓展，同时也是其他工程建设管理单位相关业务的延伸。与工程监理相比，工程项目管理的服务对象、服务内容、服务阶段更为广泛，对工程项目管理企业的竞争实力、业务能力管理水平等要求更高。《指导意见》既为我国建设监理事业的发展指出了方向，也提供了机遇。

国家住建部发布《关于大型监理单位创建工程项目管理企业的指导意见》（建市 [2008]226 号），要求“大型工程监理单位要按照科学发展观的要求，适应社会主义市场经济和与国际惯例接轨的需要，因地制宜、实事求是地开展创建工程项目管理企业的工作”，“各地建设主管部门要从本地实际出发，优先选择具有综合工程监理企业资质或具有甲级工程监理企业资质、甲级工程造价咨询企业资质、甲级工程招标代理机构资格等一项或多项资质的大型工程监理单位，加以组织和引导，促使其积极参与创建工程项目管理企业”。

但并非所有的工程监理企业都适合向工程项目管理方向发展。当前工程监理和工程项目管理之间存在的一些问题和差距是什么、工程项目管理内涵意义、工程项目管理公司特点、工程监理与工程项目管理关系如何、工程监理企业如何考虑向工程管理方向发展，这是推动我国工程监理事业健康发展应认真考虑的问题。

目前，山东诚信工程建设监理有限公司、河南立新监理咨询有限公司、江西诚达工程咨询监理有限公司拥有综合资质，湖南电力建设监理咨询有限责任公司拥有5个监理甲级、造价咨询甲级、工程咨询乙级、电力工程设计乙级 。广东创成建设监理咨询有限公司、湖南电力建设监理咨询有限责任公司、中国电力建设工程咨询有限公司、内蒙古康远工程建设监理有限责任公司、天津电力工程监理有限公司等公司已在国内或海外项目中开展咨询和项目管理业务。内蒙古康远工程建设监理有限责任公司已在多个项目中试点工程项目管理。其他具备进行项目管理试点的单位可自愿参与。建议在大型电源项目、电网特高压项目，组织有能力的监理企业试点开展项目管理。试点内容见下表。

2. 以国际市场为目标的企业，要抓住实施“一带一路”发展战略和全球能源互联网战略的机遇，实行转型升级，走国际化的项目管理咨询之路，成为市场化、专业化、国际化的监理咨询企业。从国际化和市场化的大趋势来看，监理作为工程咨询的重要一环，其市场需求是长期看好的。从国外市场来看，“一带一路”战略和全球互联网战略，对于监理咨询业是重要机遇。工程建设尤其是电力工程是中国向国外输出的主导产品和服务。截至目前，已经有20余家电力监理企业走向了国际，市场范围主要集中在印尼、菲律宾、越南、赤道几内亚、土耳其、塔吉克斯坦等国。其中，广东创成建设监理咨询有限公司、山东诚信监理咨询有限公司、西北电力建设工程监理有限公司、湖南电力建设监理有限公司、河南立新监理有限公司、新疆康赛电力工程监理有限公司、河北兴源监理有限公司均是杰出的代表。

通过实施走出去战略，打造出一支梯次结构合理，以专家型技术人才和复合型管理人才为核心，以技术骨干和管理骨干为主体的高素质、高绩效国际化监理咨询队伍，进而与国际项目运作相衔接。在参与国际项目的基础上，监理企业通过不断总结经验，提高自身能力，提高语言交流和沟通能力，做到商务工作规范化、标准化，并尽快熟悉国际标准、国际惯例、国际礼仪、国际文化风俗等，切实提高国际交流能力和主动沟通意识，形成国际化的工作思维方式，并在国际交往中提升企业文化，树立企业国际形象。

3. 以区域市场为目标的企业，要适应电力体制改革的需要，走专业化、小型化、精细化的监理企业发展道路。根据前两轮电力体制改革的要求，电网公司的经营范围和发展空间已经明确，电网公司可向以供电为核心的上下游行业适度发

大型电源项目、电网特高压项目试点内容表 **表5**

试点内容 / 项目类型	招投标方式	投标价格	人员结构	工作范围	工作内容	工作效果	阶段总结	试点总结
电源项目（1000MW机组）	…	…	…	…	…	…	…	…
输变电项目（特高压）	…	…	…	…	…	…	…	…

展。电力工程监理作为与电网公司供电业务直接相关的业务领域，是电网安全、稳定运行的重要保证。电力监理和咨询是电网公司在电力工程建设领域中唯一不受政策限制的业务。因此，监理和咨询是电网公司电力工程建设中长期保留和扩大发展的重要业务范围。建议两大电网所属监理企业，积极主动向两大电网公司反映情况、参与改革方案的制定，以省级电网为单位，整合区域内的监理资源，成立省级电网监理中心，也可以与业主项目管理中心合署运行，适当条件下也可以代替业主从事项目管理业务。

以“互联网 +”技术在电网工程建设中的应用为重点，实现监理管理手段的创新。为建设单位提供个性化、差异化的监理服务，保证在电力工程监理项目中履行监理职责。随着工程建设体制改革的逐步深入和新技术的应用，BIM 技术作为工程建设领域“互联网 +”技术的成功范例，将引领工程管理行业未来的发展方向，将对现有的工程管理方式产生重大的改变，为工程建设的设计、施工和电网运维带来新的思维和管理方式。

在电力监理行业中已有多家单位开展 BIM 技术的研究。广东创成建设监理咨询有限公司从 2015 年初开始了 BIM 技术在电网工程中的研究和应用实践，并已在云浮 500kV 卧龙输变电工程、东莞 220kV 低涌输变电工程和广州地铁的多个主变电站工程项目中取得了较好的应用效果。现正积极对 BIM 技术、互联网技术与基建工程现场管理整合应用以及将 BIM 技术应用向生产运行阶段延伸发展进行研究和实践。

增强电力监理企业核心竞争力和市场竞争能力，适应市场化、信息化、全球化的发展趋势。电力监理专委会的会员单位，无论是国有企业，还是走向市场自负盈亏的民营企业，或者实行混合所有制的企业，品牌和实力都是立足之本。因此，加强企业基础管理、资质建设、信息化建设、人才队伍建设、社会形象建设等，是企业的生存和发展之路；监理企业要转型升级，与国际接轨，必须提高工程管理能力，从单纯的电网工程监理向工程项目管理转变，具备监管一体化的能力；提高市场竞争能力，从区域监理市场向国内、国际工程咨询市场转变，具备工程咨询和项目管理的能力；提高人员适应能力，从单纯的电力工程监理的知识结构向工程项目咨询和管理知识结构的转变，具备一专多能的综合素质；提高发展创新能力，从单一的监理工作方式向高端化、信息化全方位监理咨询的方式转变，具备先进的管理水平。

参考文献

文件类：

[1] 中国共产党第十八届中央委员会.中共中央关于全面深化改革若干重大问题的决定[Z]，2013-11-12.

[2] 国务院.关于推进文化创意和设计服务与相关产业融合发展的若干意见[Z]，2014-3-14.

[3] 全国人民代表大会常务委员会.国务院机构改革和职能转变方案[Z]，2013-3-14.

[4] 国务院办公厅.关于加快推进行业协会商会改革和发展的若干意见[Z]，2009-9-18.

[5] 住房城乡建设部.关于推进建筑业发展和改革的若干意见[Z]，2014-7-1.

[6] 中华人民共和国国家发展和改革委员会价格司.关于放开部分建设项目服务收费标准有关问题的通知[Z]，2014-7-10.

[7] 国务院.关于取消一批职业资格许可和认定事项的决定[Z]，2015-7-20.

专著类：

[1] 黄林青.建设工程监理概论[M].重庆：重庆大学出版社，2009.

[2] 全国注册咨询工程师（投资）资格考试教材编写委员会.工程咨询概论[M].北京：中国计划出版社，2011.

[3] 中国工程咨询协会.工程项目管理指南[M].天津：天津大学出版社，2013.

[4] 深圳市监理工程师协会.深圳市工程监理行业发展蓝皮书[M].北京：中国建筑工业出版社，2009.

[5] 王家远，邹涛.工程监理的法律责任与风险管理[M].北京：中国建筑工业出版社出版，2009.

[6] 中电建协电力监理专委会.电力监理之道-理论探索和实践经验[M].北京：知识产权出版社，2013.

[7] 中国建筑业协会工程建设质量管理分会.施工企业BIM应用研究[M].北京：中国建筑工业出版社，2013.

[8] 中国建设监理协会.建设工程监理概论[M].北京：中国建筑工业出版社，2014.

[9] 鲁布革工程管理局.鲁布革水电站建设项目管理实践[M].北京：水力发电杂志社

期刊类：

[1] 谢世清.中国与世行合作30周年述评[J].宏观经济研究，2011，(2)：8-12.

[2] 顾小鹏.我国强制监理制度的现实意义及发展趋势分析[J].建设监理,2008,(3).
[3] 何伯森.我国工程建筑监理的定位与发展[J].建设监理,2003,(3).
[4] 曾大林,王永红.项目管理与建设管理的比较分析[J].建筑管理现代化,2005,(5).
[5] 李满瑞,杨志欣.工程管理与工程项目管理关系的探讨[J].北京建筑工程学院学报,2008,(3).
[6] 田威.咨询工程师的地位和作用[J].中国工程咨询, 2002,(3).
[7] 张杰,郑斌,马志国.国内监理的国际化发展形势[J].建材与装饰,2011,(17).
[8] 郭爱君.监理的理想行为与机会主义行为[J].电力监理, 2016, (2).
[9] 高健.BIM技术及工程监理带来的机遇[J].建筑管理, 2016,(5).
[10] 张跃芹,张国新.电力工程监理市场面临的几个问题[J].山西煤炭管理干部学院学报, 2011,24(3):7–8.
[11] 戚绪安.电力监理企业发展方向初探戚绪安[J].市场周刊·理论研究, 2007,2:93–94.
[12] 黄杰,郭海荣.电力监理市场竞争投标中的定量分析[J].电力建设, 2009,9:4–7.
[13] 张连荣.对电力工程监理现状的思考[J].文化商业, 2012,4:313.
[14] 郝文明.规范监理市场秩序促进电力监理行业发展[J].山西建筑, 2010,36(2):252–253.
[15] 柳青.新常态下电力监理工作的转型升级[J].设备监理, 2015,2:20–21.
[16] 赖庆隆.论电力工程监理与项目管理[J].中国科技信息, 2005,18:60–61.
[17] 段爱富.析电力监理管理方法的完善[J].广东科技, 2013,8:72–73.
[18] 孙绍武.析我国监理行业的现状及建议[J].技术与市场, 2011,18(6):234–235.
[19] 支养伟.新形势下的电力监理工作发展的几点思考[J].科技与企业, 2015,7:64.
[20] 罗金华.新形势下监理企业的发展战略[J].建设管理, 2011,9:1–2.
[21] 中国建设监理协会《行政管理体制改革对监理行业发展的影响和对策研究》课题组.行政管理体系改革对监理行业发展的影响和对策研究工业部门分报告[J].中国建设监理与咨询, 2014,(1).
[22] 汪振丰.对完善工程监理制度改革的思考[J].中国建设监理与咨询, 2016,(8).
[23] 李永忠.BIM技术在变电站施工过程中的应用[J].中国建设监理与咨询, 2016,(8).
[24] 修璐.深化行政体制改革对建设监理行业发展的影响[J].中国建设监理与咨询, 2014,(1).
[25] 朱本祥.总结、深刻认识、深化改革、深入发展—中国试行监理制度漫谈[J].中国建设监理与咨询, 2014,(1).
[26] 李显冬,王峰.建设该工程监理合同之法律风险控制[J].中国建设监理与咨询, 2014,(1).
[27] 杨卫东.推进我国专业化工程项目管理发展的思考[J].中国建设监理与咨询, 2014,(1).
[28] 黄文杰.工程监理若干问题的理论探讨[J].中国建设监理与咨询, 2015,(3).
[29] 顾小鹏."建设单位"研究与工程建设监管改革思考[J].中国建设监理与咨询, 2015,(4).
[30] 中电建协电力监理专委会.电力监理行业文化建设的理论与实践[J].中国建设监理与咨询, 2015,(3).
[31] 李永忠, 陈进军.电力监理行业改革与发展的思考[J].中国建设监理与咨询, 2015,(2).

学位论文类:

[1] 王安鼎.工程监理的理论分析与实践研究[D].西安:西安建筑科技大学,2007.
[2] 龚庆华.我国建设监理制度研究[D].西安:西南政法大学,2006.
[3] 张蕾.影响我国监理企业发展的关键因素研究[D].哈尔滨:哈尔滨工业大学,2007.
[4] 翟兰英.中国建设工程监理法律制度研究[D].吉林:吉林大学, 2006.
[5] 纪添成.建设监理企业战略发展研究[D].上海: 复旦大学, 2009.
[6] 杨颖林.电力建设监理企业发展策略研究[D].北京: 华北电力大学, 2007.

报纸类:

[1] 郭允冲.监理行业的未来发展[N].建筑时报,2015–9–10(3).
[2] 郭允冲.监理要把好工程质量关[N].中国建设报,2013–4–15(1).

电子文献类:

[1] 王茂田.必须坚定不移地推行建设监理制度–纪念深圳市监理工程师协会成立20周年[EB/OL].http://www.10333.com/details/2015/38522_1.shtml, 2015–12–17.

规范类:

[1] GB/T 50319–2013,建设工程监理规范[S].

其他:

[1]《中国建设监理》(2009、2010、2011、2012、2013年合订本)中国建设监理协会主办
[2]《全国电力建设行业统计资料汇编》(2010～2015年)中国电力建设企业协会编
[3]《电力监理企业"走出去"发展战略研究》电力监理专委会监理理论研究小组
[4]《电力工程安全监理的法律范围和责任界定》电力监理专委会监理理论研究小组
[5]《实施电力监理(2011～2015年)发展规划研究报告》电力监理专委会监理理论研究小组
[6]《中华人民共和国2014、2015年国民经济和社会发展统计公报》中华人民共和国统计局
[7]《电力建设施工企业人员安全培训及持证现状调研报告》中电建协施工企业安全培训调研小组
[8]《关于电力监理行业劳务派遣用工规范管理情况的调研报告》中电建协电力监理专委会

监理人员队伍建设与人才培养

温州市建设监理有限公司　沈洪忠

摘　要： 1988年我国开始推行建设工程监理制度，至今已经走过将近三十年风雨历程。随着改革开放不断深入发展，以经济建设为中心的大规模工程建设全面展开，工程监理行业得到了较大发展；“十三五”期间国家新一轮大投入大建设高潮已经到来，监理企业要抓住机遇、抓紧人才、谋划发展，实现企业快速成长。

关键词： 监理　人才培养　队伍建设

我国正处于改革开放深入发展的“十三五”时期，大众创业万众创新、科技进步日新月异，经济建设迅猛发展，人才资源已成为国家和企业发展最重要的战略资源。实施人才兴国战略，建设人才强国，坚持党管人才原则，坚持服务发展、人才优先、以用为本、机制创新，加强现代化建设需要的各类人才队伍建设；建立健全政府宏观管理、市场有效配置、企业自主用人、人才自主择业的体制机制，明显提高人力资本投资比重，形成多元化投入格局；营造尊重知识尊重人才的社会环境，平等公开竞争择优的制度环境，促进优秀人才脱颖而出；改进人才管理方式，落实人才政策，抓好人才工程，推动人才事业全面发展。未来社会是日益激烈的国际竞争，核心是人才竞争，唯有实施人才强国强企战略，才能获得长远的、持续的竞争优势，使国家更强大，企业获得更大发展。

生产力是推动经济发展和社会进步的决定性因素，人是生产力中最基本最活跃的生产要素，人才则是最具经济价值及发展潜力的生产力，因而人才问题是关系到企业发展的关键问题。重视人才资源开发，是发展生产力的必然要求，也是企业最根本最首要的任务。随着人类从工业经济时代步入知识经济时代，大规模知识经济蓬勃兴起，使人才问题成为一个关系到时代发展的基础性、战略性、全局性问题，知识正在与土地、资本和原材料一样而成为直接的生产要素，并直接产生价值。现代企业竞争激烈，要求管理者必须具有较高综合素质，因此要大力加强企业管理人才队伍建设。人才在企业发展中具有举足轻重的作用，企业要重视人才、开发人才、培养人才、重用人才，按照不同人才的特点充分发挥各类人才的作用，做到人尽其才，才尽其用，使企业发展步入良性循环轨道，不断产生新的经济增长点。

随着国家大开发大建设战略逐步推进，监理企业获得不断成长，服务内容也在不断拓宽，企业对监理人才综合素质要求越来越高，对能力培养和才干提高要求越来越急迫。社会在不断进步，监理企业应提供高水准高质量的智力服务，这就要求企业管理越来越精细，技术要不断创新。人才是企业效益和利益的创造者，对人才自身素质与能力要求必须与时俱进，要不断掌握现代技术与新兴工艺，在管理方面要不断优化结构完善手段更加精细化。为满足时代的要求，必须进行学习，而培训是一种高效学习，在人才成长的过程中始终离不开培训。企业应建立良好的培训机制，注重科学的员工培训工作，制订企业内部培训制度和学习计划，构建多元化的人才培养模式，使教育培训体现时代特征，跟上时代步伐。通过培训教育来提高员工的综合素质是企业发展的根本保证，使监理人员自身专业技能和职业道德不断提升。应结合企业实际情况，及时调整思路和对策，改革培训内容、形式和手段，综合运用讲授式、案例式、现场观摩体验式等培训方法，应用现代化手段和信息技术，改进传统教育培训模式。重视员工上岗前培训，坚持先培训再上岗，实践认识、再实践再认识，直至胜任岗位工作，良好的岗前培训能使员工尽快了解并接受企业文化及管理理念，用专业的技能培训使员工迅速掌握基本理论和岗位技能，再到现场实践使员工可以快速抓住要领，弥补自身经验的不足，从而促进他们提高学习能力尽快融入具体的专业工作岗位中；加强在岗培训，对于大多数在岗的中青年监理人员来说，因施工现场实际工作岗位需要，长期脱岗培训是不可能的，应以在岗短期培训为主，集中高效学习，进一步充实他们的理论知识并积累实践经验；用案例教学法进行现场实况培训学习，可以通过施工现场以师傅带徒弟的方式进行培训，施工现场讲学做一体化，在工作岗位上通过实际工程案例进行现场观摩实践迅速成材，达到培训提高的目的；大力推广网络培训、带薪学习深造、参加各类培训班、个人自学提高、鼓励员工参加监理执业资格考试学习等多种方式，促使员工通过学习查找理论功底和工作实践能力的不足以及公司总体要求和个人目标之间存在的差距，尽快提高个人素质，满足企业要求。培训要做到切实有效，给人才创造不断学习提高的机会，不断更新监理人才的专业知识结构；应建立评估与考核机制，对培训中学习优秀者并能应用在实际工作中产生良好效果的监理人员，要进行奖励鼓励与晋升提拔，给予提供更多发展机会。要在企业内部及施工现场形成比、学、赶、帮、超的技术业务学习氛围，使人才培训理论与实践相结合从而使他们尽快锻炼成长。企业通过建立科学的绩效考核和考评制度形成特有的人才激励机制，促使员工加强自我学习，增强自身能力素质，不断改进工作方式，提高工作效率，实现员工个人职业规划目标，达到企业和员工双利双赢、共同发展、同步成长的目的，这样可加快人才培养速度，为企业的经营发展和长远规划提供保障。

大家好，世界才能更好。杭州 G20 峰会明确提出“创新、活力、联动、包容”的发展理念。当今世界正处于知识爆炸时代，各种创新及发明创造以及新知识、新技术、新工艺、新设备不断涌现，作为提供智力服务的监理企业及监理人员更不应该落后于时代，应强化对科学知识的学习能力和更新速度，只有善于学习的监理人才方能紧跟时代发展的步伐永远立于不败之地。学习能力已成为监理人才能力素质不断提高的关键要素，是企业持续进步与不断创新的增长点，为适应时代发展的需要，企业应积极创建学习型组织及创新型团队，建立和不断完善以经营管理为基础、企业发展为导向的学习体系创新平台，形成开拓创新、包容共享的企业文化。促使全员自主学习、个人积极主动学习、坚持终身学习、技能技艺相互切磋、灵感妙点共同分享，努力营造知识技能共享的学习环境及工作学习化、学习工作化氛围，不断提升全体员工的综合素质和工作绩效。个人素质及能力水平往往与其所处环境及所从事工作的适应性相关，适应性好说明情商高能力强就容易表现出色，业绩才能突出、企业才会认可、发展才会顺利。不拘一格培养人才。对思想素质好、有发展潜力的优秀人才进行重点培养、跟踪管理，交任务、压担子，促使其更快成长。企业要充分调动一切积极因素，努力培养人才，充分认识其重要性，重视人才是社会进步的标志，要增加紧迫感和责任感，自觉行动起来做好人才培养工作。一切有利于人才培养和成长的工作都要重视，进一步激发他们做事创业热情，共同构筑时代先锋形象。

建设队伍、培养人才必须坚持以人为本的观念，必须把促进人才的全面发展和充分发挥其主观能动性放在首位，以市场化用人机制为导向，不断完善人才培养激励机制，有效提高监理队伍的业务能力和整体素质，增强企业的核心竞争力。在市场配置人才资源还没有完全成熟的社会环境下，谁拥有了人才，谁就掌握了市场竞争的制高点，要抓住吸引人才、培养人才、使用人才的关键环节，建设一支素质优良、数量充足、结构合理、凝聚力强的老、中、青相结合的人才队伍，满足企业快速发展的需求；要关心他们的生活、工作，努力提高他们的薪酬和福利待遇，要完善人才奖励机制，对专业技术人员攻克技术难关、完成高新技术项目、开发出新工艺和新设备等，根据贡献的大小给予一定额度的物质奖励和精神鼓励，对有突出贡献的人才应实行重奖，充分调动专业技术人才的积极性和创造性，激发他们的创新活力和创造灵感。企业需要加强员工的理念渗透教育，对员工职业道德、企业文化、团队建设等方面做专题教育培训，引导员工牢固树立正确的世界观、人生观、价值观，正确理解和处理好企业与个人之间的相互关系，把个人的前途命运与企业的发展壮大紧密地结合起来，只有企业不断发展，才能最大限度实现个人职业规划及自我人生价值；要培养员工的品牌服务意识、创新能力，使广大员工以主人翁精神参与到公司的生产经营管理中来，创造性思维，开拓性工作，在平凡的工作岗位上创造不平凡的业绩，为企业的持续发展贡献自己的最大力量。充分发挥企业文化的作用，培养员工良好的工作作风和优良的意志品质：工作积极主动，责任心强，能吃苦耐劳；本职岗位业务技能熟练，并不断虚心学习和创新；具有团队合作精神和大局观念，忠诚守信，认同企业文化与理念。靠制度建设队伍，靠理念凝聚队伍，全面提升专业技术人才的工作能力和理论水平；要善于发现人才、培养人才，充分认识企业之间的竞争关键是人才的竞争，人才是企业发展的长久动力和真正后劲。用事业留人、用环境留人、用制度留人、用待遇留人、用情感留人，为人才的发展创造良好空间。人才资源是企业发展最大资源，要彻底破除企业重物轻人现象，人才是竞争之本、发展之源；人才重在经营，用与时俱进的标准去鉴赏和识别人才，用与时俱进的理念去培养和开发人才，用与时俱进的方法措施去管理和使用人才，应有识才的慧眼、用才的气魄、爱才的情感、聚才的方法，为人才创造良好的发挥空间和施展环境，使其心甘情愿地贡献聪明智慧。

在实际工作中，按设计集团行规，对新入行员工要进行“始业教育”，对他们进行系统的思想意识与职业道德培训，包括人生观价值观、爱国主义教育、政治思想观念、团队合作意识、责任心、廉洁自律、敬业精神等方面；还包括本行业的法律法规、技术规范、强制性标准、合同管理等。使每位新来公司的员工都能感受到与以往的不同。这里将是职业生涯的起点，这里可以拜师傅学技术、学做人，使他们对公司有个初步了解，充分认识本行业的特点，在人才的培养上奠定良好的基础；帮助他们展望监理行业前景，做好职业规划，使他们认识到监理工作的不容易，监理都是工地上的超人，想做好这份工作就要“腿勤、脑勤、手勤、嘴勤、笔勤”，不断增加施工经验，要坚持原则性，增强责任心，善于观察不怕苦累。监理人才应该是知识全面的复合型人才：既要懂技术、会管理，还要懂经济、善核算，知晓常用法律法规；必须勤学好问、多听多看多干，善于人际交往、组织协调等方方面面林林总总；从事监理工作应勇于实践、善于积累、勤于总结，要积极地面对工作和生活，说话办事充满正能量，发扬优点改进不足，才能有所进步和不断提高。

监理人员队伍建设和人才培养已经上升到企业的战略层面，应结合实际情况，超前谋划统筹考虑，建设一支专业素质过硬、充满创造活力与创新激情的人才队伍，为企业科学发展作出贡献。

走服务行业创新之路　强推永明管理通添活力

永明项目管理有限公司　刘树东

摘　要： 监理服务行业信息化，是监理企业充分开发利用各种信息资源，广泛采用计算机、网络等现代信息技术，将企业经营、管理、研发、作业等多各环节在信息平台上进行有机结合，不断提高监理服务企业的决策、经营、管理效率，降低企业风险，有效地提高企业经济效益和竞争力。

关键词： 监理企业　互联网+　网络化发展

转型升级的改革大潮拨动着永明人的心弦，永明人始终坚持“爱心、服务、共赢”的企业精神理念，努力调整管理理念，引用管理通服务平台，强力打造永明项目管理有限公司新的服务模式；针对建筑行业的需求，自主研发了一套管理服务网络系统，致力于解决项目管理效率低下，建筑企业之间信息不对称等问题。

一、积极转型中的永明项目管理

永明项目管理有限公司成立于2002年5月，是中国建设监理协会的会员单位，是陕西省监理协会的副秘书长会员单位，是一家集监理、造价、代理、项目管理于一体的综合性服务企业，具有房屋建筑工程监理甲级、招标代理甲级、造价咨询甲级、政府采购甲级、市政公用工程监理甲级等5甲5乙资质的建筑服务行业的领先企业之一。永明公司依靠高素质专业技术人才和强大的服务网络，立足陕西，业务辐射到北京、重庆、海南、云南、福建、贵州、甘肃、宁夏、青海、内蒙古、新疆、西藏、山东、安徽、河南、四川、湖北等24个省市自治区。

面对国家行业体制改革，市场环境变化，永明人重新定位市场，走开放性，精细化的行业信息整合服务平台，不断开拓监理、代理、造价咨询业务与全过程管理服务业务，运用网络信息平台，以客户为中心，贴心细致服务，满足客户的一切技术要求，积极开展服务第一、技术第一、创新第一的服务管理理念，以规范化、网络化、标准化为经营思路，调整战略目标，积极创新，整合资源，不做第一，只做唯一，开创宣传、经营、服务、管理新模式，形成更加专业化、网络化、多元化，具有永明特色的网络化发展新模式，走出来一条新的行业创新之路。

永明人结合自身的特点与优势，积极求变，联合珠海市世纪信通网络科技有限公司，根据永明公司管理服务的特点，共同研发出一套永明特色的信息化平台——“永明管理通”，这套系统运用现代企业管理理念、项目管理思想和信息技术，为公司及其监理基层项目部提供了方便快捷的网上服务，为公司的管理提供了新的网络平台。永明管理通服务平台系统，集成了共享化、信息化、开放化为一体的管理服务平台，拓宽了新的领域，全面向市场开发，任何人均可以注册，任何人均可以享受服务，永明管理通系统信息全部平台化、透明化，各责任主体单位信息共享，巧妙地运用信息大数据，将线下的工作转变为线上服务，进一步拓开了监理、项目管理及造价咨询业务，为加速做大做强全过程管理服务业务，提升工程咨询服务品质，积累业绩和技术。节省了现有资源，提高了企业经营管理水平，使公司在行业领域业务多元化发展，拓宽思路、积极转型。

永明公司依托专家委员会及专家库技术服务管理优势，强力运用专家团队优势及资质平台优势和丰富的管理经验，进行线上线下服务，利用互联网 +，为客户找专家，为专家找用户。互惠互利，实现共赢。永明管理通就是一个平台，举例说明“个人用户，购买了一套房子，需要进行接收，可是这个用户他不知道怎样接收这个房子，达到什么程度，才是合格的房子，有了永明管理通就可以解决这个问题，用户只要点开永明管理通网络平台，就可以找专家为你解决，可以线上解决，也可以线下服务”。永明人就是在做平台，通过平台收集服务数据，建立行业大数据库，了解各类建筑单位服务需求，并分析其服务需求数据，评估对比同类型单位的服务需求情况或同规模单位的服务需求情况，预测建筑行业发展、投资趋势等。

永明人有机地利用互联网 +，围绕企业经营管理和项目管控两个层面，推进市场经营、项目管控、资源管理、客户服务、知识管理的数字化和网络化及集成化等各项工作；永明人不但建立了自己的网络化量化考核表，而且还有顾客满意度调查回访表，网络在线服务评价机制，建立了永明企业内部核心价值信息的标准存储，有序共享及快速传递的管控体系，实现信息处理数字化、信息组织集成化，信息传递网络化，业务管理流程化，从而使永明人以诚信赢得口碑，以优质服务铸就品牌。

公司决策层深深地知道在互联网时代，只有熟悉、掌握互联网，高效运用互联网，做好精细化服务，做好优质的技术服务，做好标准化管理才是行业的根本。互联网时代不是大鱼吃小鱼，而是快鱼吃慢鱼，谁掌握了先机，谁就赢得市场。然而网络化，多专业，高素质，高效率的服务能力是现代综合企业的具体实力的体现。

永明公司经过多年的开拓发展，从过去的单一房建监理模式向多元化、多领域，互联网 + 模式下的，更多的监理领域拓展，业务范围涵盖房建、公路、石油化工、水利、市政、农林等领域。结构健全的专业人才队伍，可以满足客户多元化的发展需求。建筑类型涉及有超高层，大型城市综合体（万达广场、绿地集团）等多种专业类型。为各类业主服务，提供多方位的增值服务，已经成为永明的服务特色。

二、新思路模式下的永明项目管理

2015 年 12 月，永明技术部组建了专家库，目前专家库有专家 150 多名，由房建、市政、园林绿化、公路、水利水电、石油化工等领域的人员组成，专家库成员均为国家注册人员或各专业领域的高级工程师，有永明公司自己的人员，也有同行业，外单位的行业专家，这些高级人才构成了永明公司的技术服务的专家团队，是提升项目管理服务水平的核心力量。在“永明管理通系统”搭建起的网络服务平台上，专家库的专家们为客户提供全天候全方位的技术服务。

通过网络化进行技术服务，全面实施无纸化办公，对于监理项目上的所有文件，通过网络平台传递给平台管理员，由网络管理员转交给专家或者后台服务人员进行处理。每一单资料文件，都必须通过专家审核处理，必须达到规范要求，否则不能提交下一步。服务完成后网络系统自动计算服务费用，对于线下服务，由网络管理员安排专家进行现场服务，或者进行线上远程视频服务。就这样一站式服务到位。只要有网的地方，我们永明的每一位员工和每一个和永明有相关业务的人员都可以看到。都可以感受到，这就是网络化给永明带来的优越，这就是永明的魅力所在。

通过对网络的不断完善升级，现在已经全面覆盖了公司的所有业务，包括监理、造价、代理、项目管理等。还覆盖了经营、技术、合同、人力、财务、行政等项管理业务。将公司的管理服务提升了一个新的水平。

以网络管理平台为依托，永明的网络服务平台就像网约车服务一样便捷、高效、及时。具体的操作是这样的：所有的项目资料全部通过网络平台上传，由专家接单进行文件服务审核，完成后文件加密下发项目部。通过永明管理通服务平台系统，大力地促进了业务工作标准化，还制定了项目监理机构从进场、项目实施到竣工验收，项目保修等阶段的工作标准化服务模块，以及造价咨询、招标代理、项目管理等业务的标准化业务模块，形成标准化流程的管控机制，促进了公司服务规范化体系的建设，使公司的服务得以大大地提升，同时也促进了公司员工服务行为的规范化。

三、互联网 + 模式下的永明项目管理

永明的发展历程，是一个与时俱进，引领行业回归价值的坎坷之路，针对行业的种种诟病，永明人坚持行业领先的崇高本色，宁愿不做项目也不做负面项目的原则，塑造企业形象。

永明管理通自上线服务以来，一直努力提升永明公司服务、技术、管理水平，致力于企业经营、管理、技术服务网络化、产品创新化研究等，相信在总经理张平的正确领导下，2016 年永明开发部会乘风破浪、勇往直前，为实现永明公司价值的最大化增添更多的光彩！

永明公司积极探索战略合作之路，技术部的定位是业务承揽部门和业务管理部门的技术支持者，是公司决策者的技术参谋。互联网是永明公司的命脉，从 2015 年下半年以来，永明公司走出去请进来，进行互动交流，先后同青海省监理协会，武汉市监理协会，安徽省项目管理协会等一批优秀省份的监理协会进行了互动交流，省内兄弟企业 30 多家也与永明公司进行了互动交流探讨，永明公司的网络平台也得到了行业同行的认可与赞许，管理通网络平台的优势所在，从传统项目管理的方式就可以看到一斑，传统项目管理方式：翻看成堆项目资料，查找数据资料，耗时耗力；资料打印装订，档案盒、档案柜分类存放，占用空间，浪费时间和资源；项目现场设专人定岗管理，整理数据资料，人工成本大，耗时长，效率低下；项目管理过程中由于涉及人员较多，经常权责不清，发生纠纷；企业内部及基层项目部技术人员较少，技术管理难度大，很难全面实现技术监管，项目的责任主体之间的项目信息传递，只能靠资料报审、电话沟通。网络平台下的互联网 + 模式下的管理通服务平台，采用动态数据管理平台，可以随时随地查询数据库，大大提高了工作效率，所有数据分类存入云端数据库，随时上传下载，只需一台电脑或手机，PC 端或 APP 手机端，随时随地可通过视频监控工地动态，一个人可远程管理多个项目，节省人工，实现“全程留痕”，管理环节一目了然，强化主体责任，转变监管模式，强大的平台技术团队及专家库，解决企业或项目部全过程管理技术需求，

建立技术标准化数据库，全面技术指导，各责任主体均可参与到项目管理过程中来，数据信息在线共享，保证管理的闭合性，系统性。

永明技术部作为互联网＋下，永明管理通网络的领头部门，将积极关注工程咨询行业的发展趋势，思考公司发展的新的增长点，为公司高层的战略决策提供参考信息。

技术部还将重点研究 PPP 项目的操作实务、海绵城市的发展状况及其技术标准，努力配合管理、开发、业务经营部门和业务管理部门开展新业务。技术部组织 PPP 项目、全过程管理项目的学习交流活动，学习其他公司的亮点项目，探索项目实施的新路子。

四、标准化助力网络化深入发展

“爱心、服务、共赢”是永明的企业精神，也是永明的价值观所在，开拓、转型、服务、发展、共赢是永明新的发展理念，积极转型，优化总公司企业管理架构，由原来的八大块，优化为五大块，具体由“管理副总，开发副总，营销副总，服务副总，技术副总”组成。永明公司还根据行业以人力资源为本的行业特色，追求人生价值观的探索，把控企业文化的核心内容，励志企业使命：“开拓幸福空间，做国家认可，百姓满意，人民放心的民生企业”。把握企业发展的方向，使企业文化、企业使命成为公司经营的指导思想、工作原则、奋斗目标以及行为准则，真正地发挥企业文化的灵魂作用。

关心、关爱员工，使员工创造的价值与员工的利益挂钩，永明人始终坚持优胜劣汰的更新理念，积极培养新人，永明的管理也是人的管理，培育和建立优秀的监理管理队伍尤其重要，改革转型，竞争上岗，每个人都是一个老板，自己给自己打工，这就是永明的新理念，这就是永明存在的价值观，对于优秀的员工进行不拘一格地选拔。

同时公司还注重员工的培训工作，从根本上提高人员的综合素质，更好地服务于客户，业务上、工作上、思想上提高境界，鼓励员工提升学历，提高职称，参加国家职业资格注册考试。

提倡主人公精神，充分发挥党组织，企业工会组织的作用，开展爱岗敬业演讲活动，工会积极组织拓展活动，增加凝聚力，技术部组织专家团队进行国内、国外考察学习活动，对过生日的员工工会买蛋糕进行庆祝，深受员工的欢迎。

永明公司还有一个亮点就是有着自己的法律团队和财税团队，为公司发展保驾护航，同时也为所服务的建设单位提供法律及财税方面的支持，专业的律师团队，专业的财税团队，结合建设工程和相关法规，制订针对项目的法律服务框架，会使项目始终在合法环境下运行，成为项目管理服务的优势。

随着行业的转型升级，永明人抓管理、强技术、促服务、重落实，2014 年永明公司的年会在海南召开，会议的主题就是“转型、服务、升级”，总经理为公司就谋划好了“永明的下一步”，对于住建部两年工程质量治理行动，永明人的思路是非常清晰的，那就是与时俱进，步步跟进，关注动态，沉淀升华，稳扎稳打，重点落实。

针对行业特点，永明人做自己的互联网＋，做自己的转型服务，编撰自己的企业标准书籍，《监理实务指南》，《安全管理与质量标准工艺流程监理手册》。《监理实务指南》共分十一章八十八篇；《安全管理与质量标准工艺流程监理手册》共分四章一百零九篇，涵盖了监理过程的各个主要环节，是永明公司多年来监理工作实践经验的积累与结晶。对监理工作发挥了极强的实际指导作用。

随着网络化服务的应用不断深入，永明人还编撰了《监理项目量化考核标准》，《造价咨询量化考核标准》，《招标代理量化考核标准》。开发了项目管理网络化管理模块，标准化文件包 98 个，全面覆盖了监理项目管理的所有内容，同时还开发了招标代理网络化模块、造价咨询网络化管理模块，标准化文件包 44 个。也覆盖了招标代理与造价咨询管理的全部内容。

永明公司开发的网络管理系统，已经很成熟地实现了无纸化网络办公，实现了颠覆行业传统服务模式，走 P2P 服务模式，成功地对接了专家、平台、客户的互联互通服务模式，实现了公司与部门、公司与分公司、公司与项目部的一切业务往来，包括整个系统在功能上为两大板块：分别是永明综合信息管理平台和专家在线平台。其中永明综合信息管理平台又分为 OA 办公、经营管理、工程管理、造价咨询、招标代理、市场开发、财务管理、人事管理、行政管理、文档管理、服务中心、技术管理、资质管理等共 13 模块。在行业处于领先地位，大大地提高了行业转型升级的硬件设施，走在了行业的前列。

公司技术部发挥了强有力的技术服务实力，编撰下发了《工程监理、招标代理与造价咨询标准资料汇编管理办法（试行）》。从而规范了监理、造价、代理管理及资料收集整理、检索归档，存储与应用。

确保网络服务管理体系运作的科学性，时代性与先进性，在《工程质量治理两年行动方案》实施中，网络化服务、网络化管理、远程监控发挥了有力的作用。

五、持续创新发展思路不断前行

互联网时代，没有做不到，只有想不到，永明人积极探索，走前人没有走的路，开拓永明管理通网络服务软件，颠覆行业服务模式，线上线下为用户着想，拉近客户与专家的距离，取消中间环节，让利于客户，走直销服务的路子，让专家和客户零距离接触，真正意义上实现网络化服务，建立诚信服务理念，诚信是企业立足之本，永明公司很重视诚信体系建设，良好口碑必成为企业发展的基石，获得建设单位的信任是业务拓展过程中的重要目标，口口相传是良好的社会效应由此而得，从而转化成企业优势。

利用互联网，永明人通过与业主方的深入沟通与跟进服务，凭借互相之间的高度信任，并根据项目规模、类型、程序的复杂性，专业性，建设周期等特点，在分析、比较、项目管理与监理服务模式特点的基础上，寻找契合点，探索网络化工程项目管理服务模式，从而达到管理服务共赢的目的。

随着行业转型升级的不断深入，2016 年也是永明公司的积极转型、持续发展年，永明人将会抓住转型升级这个契机，以永明管理通网络为依托，继续创新，颠覆行业模式，精细化管理，将两年治理行动继续深入。

持续改进　不断深化　筑牢防线
——谈谈开展廉洁从业的体会

马鞍山博力建设监理有限责任公司

马鞍山博力建设监理有限责任公司成立于1999年，随着时间的推移，对廉洁从业管理工作不断深化，历经“自在行为、日常防范、风险管理”三个阶段，筑牢廉洁从业防线，促进企业发展。近十年来，企业和员工无腐败和违纪案件发生。企业现具有房屋建筑、冶炼、市政、矿山工程监理资质。服务对象由成立之初为马钢集团内部业务发展至今已经面向社会和各地区，其工程业绩涵盖了资质证书所有方面，监理业务已经走向省外。年收入由百万元至超千万元，综合实力发生了根本性变化。现将我们开展廉洁从业管理工作的认识、体会和些许经验分享给大家。

一、廉洁从业不能依靠员工的自在自觉行为

公司成立之初，我们认为公司成员来自马钢工程管理和设计单位，服务对象是马钢集团，虽然从事的是监理工作，但主要是质量控制，在协助业主进行投资控制方面也只是现场工程量的签证，员工素质普遍较高，对廉洁从业的管理主要依靠员工自在自觉行为，依靠集团公司廉洁防腐的管理体系，没有深入地开展针对监理特点的廉洁从业工作。至2005年，当马钢集团投资400亿元进行新区结构调整项目实施还不到一年，在我们监理的某个钻孔灌注桩工程上，发生一起监理和业主代表“吃里爬外”案件，给我们敲响了警钟。结合这起案件，全面分析监理工作的特点、工程行业腐败发生的规律和频数，认识到：

工程腐败网络化，涉案人数居多，涉及环节自工程招投标至现场管理。在现场管理环节，承包商与监理合谋，监理参与工程腐败的为数不少。

监理自工程一开工就要和承包商打交道直至竣工结算完成，过程较长，发生不廉洁行为机会多。

监理是以监理部为基本单元，独立作战，与公司本部时空距离较远，鞭长莫及，监管困难。

监理随着施工节奏变化，没有固定的工作地点和工作时间，无法实施实时监控。

监理提供的是服务，控制的行为对象是人，人与人之间从外部讲有着复杂的社会关系，有同学、老乡、战友、亲属；从服务过程讲，随着时间的推移不可避免产生交集，日久生情，也就是说从两条平行线会逐渐过渡成为相交线，进而合成为一条线，此时就可能勾肩搭背、沆瀣一气了。

此后，有关国际咨询组织的报告显示公共工程/建筑行业和房地产行业是行贿指数和腐败指数最高的行业，全球每年由工程腐败带来的工程损失约3400亿美元。更有研究表明，我国每年10万亿元的政府投资中存在8000亿元的腐败成本。这更使我们认识到监理从业人员，如果不进行针对性的廉洁从业管理，仅仅依靠个人的自在自觉行为抵制腐败是没有效果的，甚至是不可能的。

二、加强思想教育，坚持日常防范，廉洁从业初步取得成果

2005年的“吃里爬外”案件发生后，通过提高认识，我们确定以“加强思想教育，坚持日常防

范”为途径，以完善措施、规范行为、强化监管为手段，在依靠员工自在自觉的基础上，推动廉洁从业向经常化、制度化发展。经过实践，初步取得成效，此后的七年时间里，杜绝了以岗谋私等腐败案件发生。

1. 运用案例进行警示教育。鉴于员工队伍的组织构成、文化素质、工作履历，对于廉洁自律的正面教育早就耳熟能详，公司将廉洁教育的重点放在反面案例的警示上，通过对集团内部一些身边人的典型案例解剖，而这些人可能是曾经的同事、朋友或者领导，分析他们腐败堕落产生的原因、后果、代价和教训，言之凿凿，使得警示教育能够起到触动心灵、深化影响、振聋发聩的作用。

2. 运用算账手段，让员工感受腐败成本的切肤之痛。带领员工对一些腐败分子的“悔过书”进行研读，发现他们在满足私利和贪婪欲望的时候，忘记了最基本的“自由账、收入账、亲情账”。由于腐败受到刑事处罚，身陷牢狱，失却自由，上不能孝敬父母，下不能尽丈夫和父亲之责，给家庭带来无尽的伤害；而收入方面，虽然贪了一时之快，但是东窗事发必然退赔、开除公职、甚至有的人是晚节不保连养老活命的保障也没有了，这个损失绝不是那点蝇头小利可以弥补的；再而由于个人的失足，给亲人、同事、领导也带来伤害，亲人颜面扫地，领导、同事耻与为伍。这些明白账细算出来触目惊心，让员工感到腐败的成本太高、代价太大，一旦腐败上门，便有灭顶之灾。

3. 完善管理措施，规范监理日常行为。在开展反腐倡廉教育的同时，我们按照相关法律法规要求，完善管理措施，提升管理水平、规范监理日常行为。在质量管理方面以贯彻 ISO9000 标准为契机，把监理工作标准化。在造价控制方面，坚持计量签证采取“双签制”：即监理必须是双人，必须有业主方，同时要求留下音像记录；把好计量签证的及时性，及时发生，及时签证，杜绝事后补签。在驻外监理现场，实现半军事化管理，所有人员集中就餐，按照统一的作息时间工作、休息，夜间不准许个人单独行动，往返工地不准许乘坐施工单位车辆。

4. 以人为本，防患未然。反腐倡廉、廉洁从业的目的是建立一支“公平、独立、诚信、科学”的监理队伍。在进行教育、完善措施、规范行为的基础上，未雨绸缪地开展事前防范、过程中加强巡查、事后强化处置更能够有效实施廉洁从业。事前防范一是采取签订廉洁从业承诺书，每一个现场监理人员进场前由公司纪委组织签订；二是每逢传统节日前，公司领导都要对现场的总监、关键岗位的监理工程师采取打招呼、上小课的形式进行防范教育。过程中，领导巡查工地的同时把廉洁从业检查工作当作规定动作完成；公司纪委定期深入现场与业主和施工单位沟通，在了解监理人员廉洁从业情况的同时宣传公司的纪律，争取他们的理解和支持。每年年终员工绩效考核时，把廉洁从业作为经济责任制否决项进入考核；每个工程结束，纪委都要实施走访、调查，倾听反映，发现不廉洁的苗头和现象，及时采取包括诫勉谈话、调离现场、调离岗位等纠正预防措施进行防患，仅某个年度，我们就对 2 人次进行了诫勉谈话，将 3 人次调离现场、1 人调离监理岗位。通过这些防患工作，即保持和维护了企业形象，也保护了个别员工，没有让他们滑得更远。

三、引入“风险管理”机制，建立廉洁从业管理的常态化

党的十八大召开后，随着反腐败斗争的不断深入，我们更加感觉到工程领域的腐败无孔不入，廉洁自律建设任务更加艰巨，需要引入新的机制——风险管理，依靠“科技 + 机制”进行廉洁从业管理。将“风险管理”引入廉洁从业，坚持 PDCA 循环，实则就是预测出廉洁从业的风险，事先设计并实施一些流程，使廉洁从业风险发生的可能最小化；继而在具体工作中，依照这些流程严格实施，并以建立健全的防控网络实施监视和测量，面对可能发生的腐败，根据不同程度给予预警；在实施一段时间后，进行风险测评和防控措施成效的考核，不断循环。

1. 引入风险管理，基于对监理从业过程中风险点的确定。我们通过对典型建筑工程施工阶段监

理流程的分析，找出总监、监理工程师的廉洁风险点为：

1）原材料、半成品、构配件及隐蔽工程、检验批验收。由于人为及主观因素，监理工程师可能将不合格或者不能满足合同要求的原材料、半成品、构配件及隐蔽工程、检验批认定为合格或者是满足合同要求。

2）分部工程验收。同样原因，总监可能将不合格或者不能满足合同要求的分部工程认定为合格或者是满足合同要求。

3）旁站、平行检验、巡查过程。同样原因，监理人员可能将不合格或者不能满足合同要求的工序、部位认定为合格或者是满足合同要求。

4）安全巡查。同样原因，监理人员可能将不能满足法律法规要求或者施工方案要求的安全施工工序、措施、机具、操作人员认定为符合要求。

5）工程计量。同样原因，总监、监理工程师可能将不合格或者不能满足合同要求工程进行计量，或者把关不严将未完工程计量。

2. 根据风险损失大小，确定风险等级。在工程建设的全周期中，由施工阶段影响工程造价、质量所占比重一般较前期阶段要小，外加监理从事的主要是施工阶段的质量控制，且竣工验收由建设单位组织，将质量控制和计量方面的廉洁风险确定为2级，将安全管理方面的廉洁风险确定为3级；在岗位廉洁风险上，将总监确定为2级，监理工程师、监理员确定为3级。

3. 制定防控措施。对于等级以上的廉洁风险，属于岗位职责的，通过建立健全运行程序和制约措施，职责分明，加强防控。如质量控制方面对原材料的验收，通过明确流程、索取合格证、留有样本或者音像资料、建立取样复检台账进行规范。属于业务流程的，按照规范、简洁、高效的原则梳理或者再造流程，如分部工程验收，必须由专业监理工程师对分项工程验收合格、保证资料齐全，才可以交总监验收签署，绝不允许专业监理工程师代签署，也不允许总监不见分项验收记录就直接签署，不允许总监越过监理工程师直接对施工单位下发紧急放行指令。

4. 按照层级管理，建立风险防控网络。在系统内部，公司经理对廉洁风险防控负第一责任，纪委对廉洁风险防控负有全面管理责任，管理层按照分工对分管范围的工作担负防控监督责任，总监对监理部的廉洁风险防控负责，监理工程师对自身及监理员的廉洁风险负责并负有监督他人、发出风险预警的责任。在系统外部，接受上级纪委的领导，建立与业主单位及相关方的沟通联系。

5. 风险预警。通过信访举报、案件查处、监督检查、绩效考核等渠道及时收集信息，对风险实施预警管理。

6. 建立检查考核和责任追究机制。通过信息监测、定期自查和检查、职工评议等方式进行考核，考核结果与员工年度绩效挂钩。对制度不落实、防控措施不到位的，发出预警、责令整改。对由于不认真开展防控工作导致发生违纪违法案件的，按照防控措施有关规定追究责任人的责任。

7. 廉洁风险管理还不够完善。比如，风险等级的定义是主观的，认为可能产生不廉洁的频率高、发生腐败造成的影响大的风险等级就高，科学性不强，可能出现误判和漏判；风险点分布也不是一成不变的，随着投资体制变化、施工工艺变化、工程规模变化、管理模式变化，其风险点的分布也是在变化的。

8. 廉洁风险管理还需要相关方的支持。目前有不少人存在偏见，认为监理就是旁站，把监理视同为监工，戴着有色眼镜看待监理，只要监理站在公平立场上说话就怀疑监理有不廉洁行为，造成监理与施工方必须处在对立状态。这样更迫使有些不良商家不择手段的进行腐败活动，这更加剧了廉洁从业的风险程度。

总结十几年来进行廉洁从业管理的历程，是一个由“粗放型”到“精细型”的渐进过程，是反腐败形势的需要，也是企业强身健体的必须。随着投资管理体制的变化，监理向项目管理发展，廉洁从业防腐会出现新的课题，需要我们不断研究解决，建立廉洁从业防腐的新常态。

《中国建设监理与咨询》征稿启事

《中国建设监理与咨询》是中国建设监理协会与中国建筑工业出版社合作出版的连续出版物，侧重于监理与咨询的理论探讨、政策研究、技术创新、学术研究和经验推介，为广大监理企业和从业者提供信息交流的平台，宣传推广优秀企业和项目。

一、栏目设置：政策法规、行业动态、人物专访、监理论坛、项目管理与咨询、创新与研究、企业文化、人才培养。

二、投稿邮箱：zgjsjlxh@163.com，投稿时请务必注明联系电话和邮寄地址等内容。

三、投稿须知：

1. 来稿要求原创，主题明确、观点新颖、内容真实、论据可靠，图表规范，数据准确，文字简练通顺，层次清晰，标点符号规范。

2. 作者确保稿件的原创性，不一稿多投、不涉及保密、署名无争议，文责自负。本编辑部有权作内容层次、语言文字和编辑规范方面的删改。如不同意删改，请在投稿时特别说明。请作者自留底稿，恕不退稿。

3. 来稿按以下顺序表述：①题名；②作者（含合作者）姓名、单位；③摘要（300字以内）；④关键词（2~5个）；⑤正文；⑥参考文献。

4. 来稿以4000 ~ 6000字为宜，建议提供与文章内容相关的图片（JPG格式）。

5. 来稿经录用刊载后，即免费赠送作者当期《中国建设监理与咨询》一本。

本征稿启事长期有效，欢迎广大监理工作者和研究者积极投稿！

欢迎订阅《中国建设监理与咨询》（2017年）

《中国建设监理与咨询》面向各级建设主管部门和监理企业的管理者和从业者，面向国内高校相关专业的专家学者和学生，以及其他关心我国监理事业改革和发展的人士。

《中国建设监理与咨询》内容主要包括监理相关法律法规及政策解读；监理企业管理经验介绍和人才培养等热点、难点问题研讨；各类工程项目管理经验交流；监理理论研究及前沿技术介绍等。

《中国建设监理与咨询》征订单回执

订阅人信息	单位名称				
	详细地址			邮编	
	收件人			联系电话	
出版物信息	全年（6）期	每期（35）元	全年（210）元/套（含邮寄费用）	付款方式	银行汇款

订阅信息

订阅自2017年1月至2017年12月，__________套（共计6期/年） 付款金额合计￥______________________元。

发票信息

□开具发票
发票抬头：______________________________________
发票类型：一般增值税发票
发票寄送地址：□收刊地址 □其他地址
地址：____________________________邮编：________ 收件人：__________ 联系电话：__________

付款方式：请汇至“中国建筑书店有限责任公司”

银行汇款 □
户　名：中国建筑书店有限责任公司
开户行：中国建设银行北京甘家口支行
账　号：1100 1085 6000 5300 6825

备注：为便于我们更好地为您服务，以上资料请您详细填写。汇款时请注明征订《中国建设监理与咨询》并请将征订单回执与汇款底单一并传真或发邮件至中国建设监理协会信息部，传真010-68346832，邮箱zgjsjlxh@163.com。

联系人：中国建设监理协会　王北卫　孙璐，电话：010-68346832。
中国建筑工业出版社　焦阳，电话：010-58337250。
中国建筑书店　电话：010-68324255（发票咨询）

《中国建设监理与咨询》协办单位

北京市建设监理协会
会长：李伟

中国铁道工程建设协会
副秘书长兼监理委员会主任：肖上潘

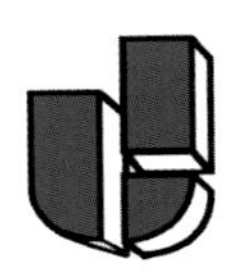

京兴国际工程管理有限公司
执行董事兼总经理：李明安

北京兴电国际工程管理有限公司
董事长兼总经理：张铁明

北京五环国际工程管理有限公司
总经理：李兵

中国水利水电建设工程咨询北京有限公司
总经理：孙晓博

鑫诚建设监理咨询有限公司
董事长：严弟勇　总经理：张国明

北京希达建设监理有限责任公司
总经理：黄强

山西省建设监理协会
会长：唐桂莲

山西省建设监理有限公司
董事长：田哲远

山西煤炭建设监理咨询公司
执行董事兼总经理：陈怀耀

山西和祥建通工程项目管理有限公司
执行董事：胡蕴　副总经理：段剑飞

太原理工大成工程有限公司
董事长：周晋华

山西省煤炭建设监理有限公司
总经理：苏锁成

山西震益工程建设监理有限公司
董事长：黄官狮

山西神剑建设监理有限公司
董事长：林群

山西共达建设工程项目管理有限公司
总经理：王京民

晋中市正元建设监理有限公司
执行董事兼总经理：李志涌

运城市金苑工程监理有限公司
董事长：卢尚武

沈阳市工程监理咨询有限公司
董事长：王光友

大连大保建设管理有限公司
董事长：张建东　总经理：柯洪清

吉林梦溪工程管理有限公司
总经理：张惠兵

上海建科工程咨询有限公司
总经理：张强

上海振华工程咨询有限公司
总经理：徐跃东

江苏誉达工程项目管理有限公司
董事长：李泉

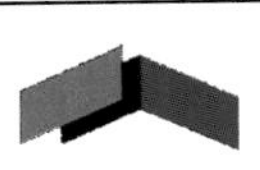

连云港市建设监理有限公司
董事长兼总经理：谢永庆

江苏赛华建设监理有限公司
董事长：王成武

南通中房工程建设监理有限公司
董事长：于志义

浙江省建设工程监理管理协会
副会长兼秘书长：章钟

浙江江南工程管理股份有限公司
董事长总经理：李建军

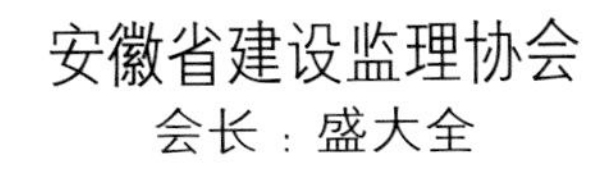

安徽省建设监理协会
会长：盛大全

合肥工大建设监理有限责任公司
总经理：王章虎

山东同力建设项目管理有限公司
董事长：许继文

煤炭工业济南设计研究院有限公司
总经理：秦佳之

厦门海投建设监理咨询有限公司
总经理：蔡元发

驿涛项目管理有限公司
董事长：叶华阳

《中国建设监理与咨询》协办单位

 河南省建设监理协会 会长：陈海勤	 中兴监理 郑州中兴工程监理有限公司 执行董事兼总经理：李振文	 河南建达工程建设监理公司 总经理：蒋晓东	 河南清鸿 河南清鸿建设咨询有限公司 董事长：贾铁军
 建基管理 ® CCPM PROJECT MANAGEMENT 河南建基工程管理有限公司 总经理：黄春晓	 郑州基业工程监理有限公司 董事长：潘彬	 武汉华胜工程建设科技有限公司 董事长：汪成庆	 长沙华星建设监理有限公司 总经理：胡志荣
 深圳监理 SHENZHEN ENGINEERING CONSULTANTS 深圳市监理工程师协会 会长：方向辉	 广东监理 广东工程建设监理有限公司 总经理：毕德峰	 华工监理 广东华工工程建设监理有限公司 总经理：杨小珊	CISDI 重庆赛迪工程咨询有限公司 Chongqing CISDI Engineering Consulting Co., Ltd. 重庆赛迪工程咨询有限公司 董事长兼总经理：冉鹏
 重庆联盛建设项目管理有限公司 总经理：雷开贵	 重庆华兴工程咨询有限公司 董事长：胡明健	 重庆正信建设监理有限公司 董事长：程辉汉	 二滩国际 Ertan International 四川二滩国际工程咨询有限责任公司 董事长：赵雄飞
 贵州省建设监理协会 会长：杨国华	 贵州建工监理咨询有限公司 总经理：张勤	贵州电力工程建设监理公司 经理：袁文种	 云南新迪建设咨询监理有限公司 董事长兼总经理：杨丽
 国开 云南国开建设监理咨询有限公司 执行董事兼总经理：张葆华	 西安高新建设监理有限责任公司 董事长兼总经理：范中东	中国铁建 西安铁一院 工程咨询监理有限责任公司 西安铁一院工程咨询监理有限责任公司 总经理：杨南辉	 西安普迈项目管理有限公司 董事长：王斌
 中国节能 CHINA ENERGY CONSERVATION AND ENVIRONMENTAL PROTECTION GROUP 西安四方建设监理有限责任公司 董事长：史勇忠	 华 春 华春建设工程项目管理有限责任公司 董事长：王勇	华茂监理 HUAMAO SUPERVISION 陕西华茂建设监理咨询有限公司 总经理：阎平	 KUNLUN ECC 昆仑监理 新疆昆仑工程监理有限责任公司 总经理：曹志勇
 河南省万安工程建设监理有限公司 董事长：郑俊杰	 重庆林鸥监理咨询有限公司 总经理：肖波	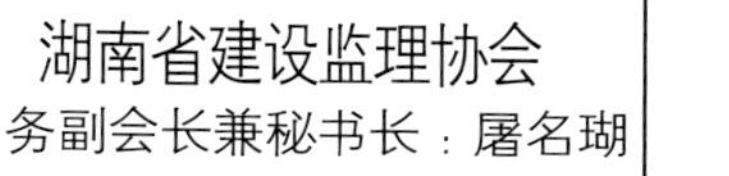 湖南省建设监理协会 常务副会长兼秘书长：屠名瑚	 新疆天麒 XINJIANG TIANQI 新疆天麒工程项目管理咨询有限责任公司 董事长：吕天军
 中船重工海鑫工程管理（北京）有限公司 总经理：栾继强	WANG TAT 广州宏达工程顾问有限公司 广州宏达工程顾问有限公司 总经理：伍忠民		

山西省建设监理协会

山西省建设监理协会成立于1996年4月，20年来，在省住建厅、中国建设监理协会以及省民间管理局的领导、指导下，山西监理行业发展迅速，已成为工程建设不可替代的重要组成。

从无到有，逐步壮大。随着改革开放的步伐，山西全省监理企业从1992年起的几家发展到2015年底的234家，其中综合资质企业2家，甲级企业76家、乙级企业107家、丙级企业49家。企业数量在全国排序第14位。协会现有会员197家，理事210人，常务理事64人，理事会领导18人。会员企业涉及煤炭、交通、电力、冶金、兵工、水利、教育等诸多领域。

队伍建设，由弱到强。全省监理从业人员从刚起步的几十人发展到现在近30000人。其中，考取国家监理工程师执业资格7000余人（注册5296人），专业监理工程师（含省师）8000余人，原监理员、见证取样员12000余人，从业人员数全国排序14位，监理队伍不断壮大，企业实力逐年增强，人员素质明显提高，赢得社会的广泛认可。

引导企业，业务拓展。监理业务不仅覆盖了省内和国家在晋大部分重点工程项目，而且许多专业监理走出山西，参与省外相当规模的国家大型项目建设，还有部分企业走出国门，业务拓展至国际竞争，如：委内瑞拉瓜里科河灌溉系统农业综合发展项目、纳米比亚北爆公司项目管理，吉尔吉斯斯坦硫窑项目管理，柬埔寨西哈努克港2×60MW燃煤电厂工程，印尼巴厘岛一期3×142MW燃煤电厂工程等。企业经营承揽合同额、营业收入、人均营业收入、监理收入一度呈增长态势，整个监理行业对推进全省工程建设稳步发展发挥着重要的作用。

奖励激励，创建氛围。一是连续六年共拿出50余万元奖励每年获参建共创鲁班奖等国优工程的监理企业（每年每项工程每企业奖励10000元）、项目总监（每年每项工程每人奖励5000元），鼓励企业创建更多精品工程。二是连续六年，共拿出15万元奖励在国家监理杂志发表论文作者（标准：500元/人、300元/人、200元/人），助推行业理论研究工作。三是连续四年，共拿出近10万元奖励山西进入全国监理百强企业（每年每企业奖励10000元），鼓励企业做精做细、做强做大。四是连续三年，共拿出近5万元，奖励各种竞赛获奖选手，激励行业正能量。五是不定期奖励山西报考国监考试状元、演讲比赛优秀讲稿作者、协会工作突出的先进个人等。

精准服务，效果明显。近年来，三届、四届理事会本着"三服务"（强烈的服务意识；过硬的服务本领；良好的服务效果）宗旨，带领培养协会团队，坚持为政府、行业、企业双向服务，紧密围绕企业这个重心，一是充分发挥桥梁纽带作用。一方面积极向主管部门反映企业诉求，另一方面连续五年组织编写《山西省建设工程监理行业发展分析报告》，为政府提供决策依据。二是指导引导行业健康发展。注重开展行业诚信自律建设、明察暗访、选树典型、诚信测评等活动。三是提高队伍素质。不仅在教材编写、优选教师、严格管理上下功夫，还举办各种讲座以及组织《监理规范》知识竞赛、《增强责任心 提高执行力》演讲比赛。四是经验交流。推广监理资料、企业文化、总监责任等企业的先进管理经验。五是办企业所盼。组织专家编辑《建设监理实务新解500问》等书籍。六是扩大行业影响。提升队伍士气，慰问一线监理人员。协会的理论研究、宣传报道、培训教育、服务行业等工作卓有成效，对全省工程建设事业健康发展起到了积极的助推作用，在省内外略有影响，得到会员单位的称赞和主管部门的认可。

不懈努力，取得成效。山西省建设监理协会先后荣获中监协各类活动"组织奖"四次；山西省民政厅2011、2013年两次授予协会"五A级社会组织"荣誉称号；山西省人社厅、山西省民政厅2013年授予"全省先进社会组织"荣誉称号；山西省建筑业工业联合会2014年授予"五一劳动奖状"；山西省住建厅表彰协会为"厅直属单位先进集体"。协会6名工作人员被中国建设监理协会评为"优秀协会工作者"。

面对肩负的责任和期望，我们将聚力奋进，再创辉煌。

地址：太原市建设北路85号
邮编：030013
电话：0351-3580132 3580234
邮箱：sxjlxh@126.com
网址：www.sxjsjlxh.com

协会出资3万余元购买电脑10台，由王雄秘书长带队，赠送十个项目监理部，送科技、促管理

协会郑丽丽副秘书长等带着万元慰问品到"晋中正元"小南庄整体搬迁安置工程项目监理部慰问

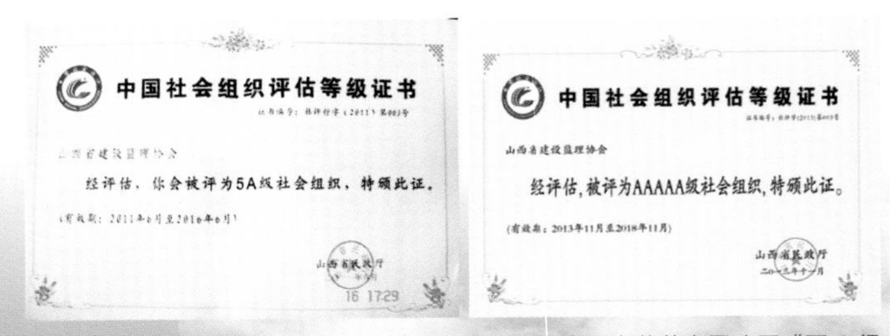

2011年6月、2013年11月，山西省建设监理协会两次荣获省民政厅"五A级社会组织"称号

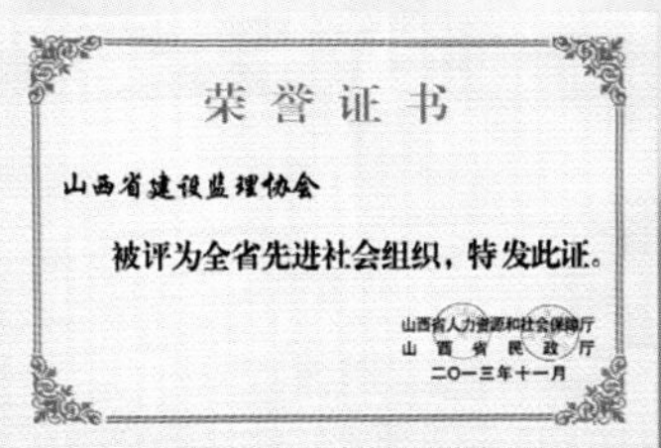

2013年11月，山西省人力资源和社会保障厅、山西省民政厅授予我会"全省先进社会组织"荣誉称号

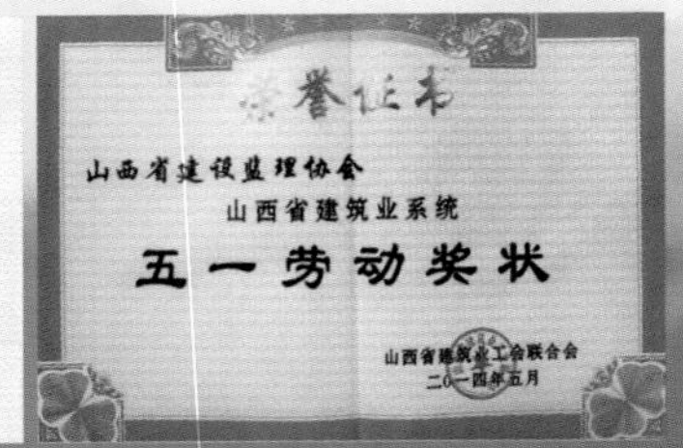

2014年5月，山西省建筑工业工会联合会授予我会山西省建筑业系统"五一劳动奖状"

举办丰富多彩的行业文体活动，增强行业荣誉感和凝聚力

召开行业自律公约签约仪式

组织会员单位到项目监理部考察调研

河南省建设监理协会

河南省建设监理协会成立于1996年10月，经过二十年的创新发展、现已形成管理体系完善、运作模式成熟的现代行业协会组织。现有专职工作人员10人，秘书处下设培训部、信息部、行业发展部和综合办公室，另设诚信自律委员会和专家委员会。

河南省建设监理协会根据章程，实现自我管理，在提供政策咨询、开展教育培训、搭建交流学习平台、开展调查研究、创办报刊和网站、实施自律监督、维护公平竞争环境、促进行业发展、维护企业及执业者合法权益等方面，积极发挥自身作用。

二十年来，河南省建设监理协会秉承“专业服务，引领发展”的办会宗旨，不断提高行业协会整体素质，打造良好的行业形象，增强工作人员的服务能力，将全省监理企业凝聚在协会这个平台上，指导企业对内规范执业、诚信为本，对外交流扶持、抱团发展，引领行业实现监理行业的社会价值。大力加强协会的平台建设，带领企业对外交流，同外省市兄弟协会和企业学习交流，实现资源共享，信息共享，共同发展，扩大河南监理行业的知名度和影响力，使监理企业对协会平台有认同感和归属感。创新工作方式方法，深入开展行业调查研究，积极向政府及其有关部门反映行业、会员诉求，提出行业发展规划等方面的意见和建议，积极参与相关行业政策的研究，推动行业诚信建设，建立完善行业自律管理约束机制，制定行业相关规章制度，组织编制标准规程，规范企业行为，协调会员关系，维护公平竞争的市场环境。

新时期，新形势。围绕国家对行业协会的改革思路，河南省建设监理协会将按市场化的原则、理念和规律，开门办会，努力建设新型行业协会组织，为创新社会管理贡献力量。同时，依据河南省民政厅和住建厅的要求，协会将极力提升治理能力，完善治理体系，积极提升能力体系，适应行政管理体制改革、转变政府职能对行业协会提出的新要求、新挑战。

奉献，服务，分享。河南省建设监理协会的建设、成长和创新发展，离不开政府主管部门和中国建设监理协会的专业指导，离不开各省市兄弟协会和监理单位的鼎力支持，在可预见的未来，河南省建设监理协会将继续努力适应新形势的要求，继续建立和完善以章程为核心的内部管理制度，健全会员代表大会和理事会制度，继续加强自身服务能力建设，充分发挥行业协会在经济建设和社会发展中的重要作用。

广东工程建设监理有限公司

广东工程建设监理有限公司，是于 1991 年 10 月经广东省人民政府批准成立的省级工程建设监理公司。公司从白手起家，经过二十多年发展沉淀，已成为拥有属于自己产权的写字楼、净资产达数千万元的大型专业化工程管理服务商。

公司具有工程监理综合资质、招标代理和政府采购代理机构甲级资格、甲级工程咨询、甲级项目管理、造价咨询甲级资质（分立）以及人防监理资质。已在工程监理、工程招标代理、政府采购、工程咨询、工程造价和项目管理、项目代建等方面为客户提供了大量的优质的专业化服务，并可根据客户的需求，提供从项目前期论证到项目实施管理、工程顾问管理和后期评估等紧密相连的全方位、全过程的综合性工程管理服务。

公司技术力量雄厚，专业人才配套齐全，并拥有中国工程监理大师及各类注册执业资格人员等高端人才。

公司管理先进、规范、科学，已通过质量管理体系和环境管理体系、职业健康安全管理体系、信息安全管理体系四位一体的体系认证，采用 OA 办公自动化系统进行办公和使用工程项目管理软件进行业务管理，拥有先进的检测设备、工器具，能优质高效地完成各项委托服务。

公司把“坚持优质服务、实行全天候监理、保持廉洁自律、牢记社会责任、当好工程质量卫士”作为工作的要求和行动准则，所服务的项目，均取得了显著成效，一大批工程被评为鲁班奖、詹天佑土木工程大奖、国家优质工程奖、全国市政金杯示范工程奖、全国建筑工程装饰奖和省、市建设工程优质奖等，深受建设单位和社会各界的好评。

公司有较高的知名度和社会信誉，先后多次被评为全国先进建设监理单位和全国建设系统“精神文明建设先进单位”，荣获“中国建设监理创新发展 20 年工程监理先进企业”和“全国建设监理行业抗震救灾先进企业”称号。被授予 2014 ～ 2015 年度“国家守合同重信用企业”和连续 16 年“广东省守合同重信用企业”；多次被评为“全省重点项目工作先进单位”；连续多年被评为“广东省服务业 100 强”和“广东省诚信示范企业”。

公司始终遵循“守法、诚信、公正、科学”的执业准则，坚持“以真诚赢得信赖，以品牌开拓市场，以科学引领发展，以管理创造效益，以优质铸就成功”的经营理念，恪守“质量第一、服务第一、信誉第一”和信守合同的原则，一如既往，竭诚为客户提供高标准的超值的服务。

微信公众号：gdpm888

地址：广州市越秀区白云路 111-113 号白云大厦 16 楼
邮编：510100
电话：020-83292763、83292501
传真：020-83292550
邮箱：gdpmco@126.com
网址：http://www.gdpm.com.cn

南宁国际会展中心

东莞玉兰大剧院

广东奥林匹克体育中心

佛山西站综合交通枢纽工程

底图：广深高速公路

重庆联盛建设项目管理有限公司

公司拥有工程监理综合资质、工程造价咨询甲级、工程招标代理甲级、设备监理甲级、工程咨询甲级等众多资质，同时还拥有甲级建筑设计公司(全资子公司)。公司总经理雷开贵担任中国建设监理协会副会长、重庆市建设监理协会会长。

2014年8月，公司得到住房与城乡建设部《关于全国工程质量管理优秀企业的通报》表扬(建质[2014]127号文，全国仅5家监理企业获此殊荣)。2012年，公司同时获得了“全国先进监理企业”、“全国工程造价咨询行业先进单位会员”和“全国招标代理机构诚信创优5A等级”。公司的监理收入在全国建设监理行业排名中，连续九年进入全国前100名。所承接的项目荣获“中国建筑工程鲁班奖”、“中国安装工程优质奖”、“中国钢结构金奖”、“国家优质工程银质奖”等国家及省部级奖项累计达300余项。

公司除监理业务以外，还大力拓展工程项目管理、工程招标代理、工程造价咨询、工程咨询、工程材料检测、建筑设计等市场领域。公司以设计、监理团队为技术支撑，以造价咨询、招标代理、工程咨询团队为投资控制指导，以检测设备配备精良的检测试验室为辅助，熟练运用国际项目管理的方法与工具，对项目进行全过程、全方位、系统综合管理，按照国家规范及企业标准严格履行职责，在工程建设项目管理领域形成了公司的优势与特色，实现了市场占有率、社会信誉以及综合实力的快速、稳健发展。

重庆巴士股份有限公司总部大厦（设计、项目管理、监理、招标、造价一体化）

朝天门国际商贸城（项目管理）建筑面积142万m^2

内蒙古少数民族群众文化体育运动中心项目为内蒙古自治区70周年大庆主会场（项目管理、监理、招标、造价一体化、含BIM技术）

重庆轨道交通工程

广东省莞惠城际轨道交通工程

中国汽车工程研究院汽车技术研发与测试基地建设项目（项目管理、监理、招标、造价一体化）

崇州市人民医院及妇幼保健院－重庆市对口支援四川崇州灾后恢复重建项目（项目管理、监理、招标、造价一体化）

龙湖春森彼岸（监理）

DC 太原理工大成工程有限公司

太原理工大成工程有限公司成立于2009年，隶属于全国211重点院校——太原理工大学，是山西太原理工资产经营管理有限公司全额独资企业。其前身是1991成立的太原工业大学建设监理公司，1997年更名为太原理工大学建设监理公司，2010~2012年改制合并更名为太原理工大成工程有限公司。

公司是以工程设计及工程总承包为主的工程公司，具有化工石化医药行业工程设计乙级资质，可从事资质证书许可范围内相应的工程设计、工程总承包业务以及项目管理和相关的技术与管理服务。

公司具有住建部房屋建筑工程、冶炼工程、化工石油工程、电力工程、市政公用工程、机电安装工程甲级监理资质，国土资源部地质灾害治理工程甲级监理资质，可以开展相应类别建设工程监理、项目管理及技术咨询等业务。

公司所属岩土工程公司具有国家工程勘察专业类岩土工程甲级、劳务类，水文地质乙级、工程测量乙级资质，建筑业企业地基与基础工程专业承包资质，国土资源部地质灾害治理施工甲级、设计乙级及勘察、评估资质。所属通信工程公司具有国家工信部通信工程甲级监理资质及信息工程监理资质。

公司以全国“211工程”院校太原理工大学为依托，拥有自己的知识产权，具有专业齐全，科技人才荟萃，装备试验检测实力雄厚，在工程领域具有丰富的实践经验，可为顾客提供满意的服务、创造满意的工程。

公司现有国家注册监理工程师117人，国家注册造价工程师11人，国家注册一级建造师17人，国家注册一级建筑师1人，国家注册一级结构师2人，注册土木工程师（岩土）1人，注册化工工程师10人，国家注册咨询工程师（投资）5人，国家注册设备工程师1人。

公司成立二十余年来，承接工程业务1200余项，控制投资700多亿元，对所承建的工程项目严格遵照质量方针和目标的要求进行质量控制，工程合格率达100%，荣获建设工程鲁班奖2项，国家优质工程奖2项，全国建筑工程装饰奖1项，全国市政金杯示范工程1项，山西省汾水杯工程建设奖20项，山西省太行杯土木工程奖7项，山西省优质工程36项，市级优质工程数十项，创造了“太工监理”、“太工大成”的知名品牌。

公司建立了完善的局域网络系统，配置网络服务器1台，交换机6台，设置50余信息点，配置有PKPM、SW6、Pvcad、Autocad、天正、广联达等专业设计、预算软件及管理软件。配置有打印机、复印机、速印机、全站仪、经纬仪、水准仪等一批先进仪器设备。

公司于2000年通过了GB/T19001 idt ISO9001质量管理体系认证。在实施ISO9001质量管理体系标准的基础上，公司积极贯彻ISO14001环境管理体系标准和GB/T28001职业健康安全管理体系标准，建立、实施、保持和持续改进质量、环境、职业健康安全一体化管理体系。

实现员工与企业同进步共发展是太原理工大成企业文化的精髓。公司历来重视企业文化建设，连续多年荣获“山西省工程监理先进企业”“撰写监理论文优秀单位”“发表监理论文优秀单位”“监理企业优秀网站”“监理企业优秀内刊”荣誉称号。

公司奉行“业主至上，信誉第一，认真严谨，信守合同”的经营宗旨，“严谨、务实、团结、创新”的企业精神，“创建经营型、学习型、家园型企业，实现员工和企业共同进步、共同发展”的发展理念，“以人为本、规范管理、开拓创新、合作共赢”的管理理念，竭诚为顾客服务，让满意的员工创造满意的产品，为社会的稳定和可持续发展作出积极的贡献。

并州饭店维修改造工程（中国建设工程鲁班奖）

汾河景区南延伸段工程

山西省博物馆（中国建设工程鲁班奖）

省委应急指挥中心暨公共设施配套服务项目（全国建筑工程装饰奖）

天脊煤化工集团有限公司25万t年硝酸铵钙项目（化学工程优质工程奖）

太原理工大学明向校区

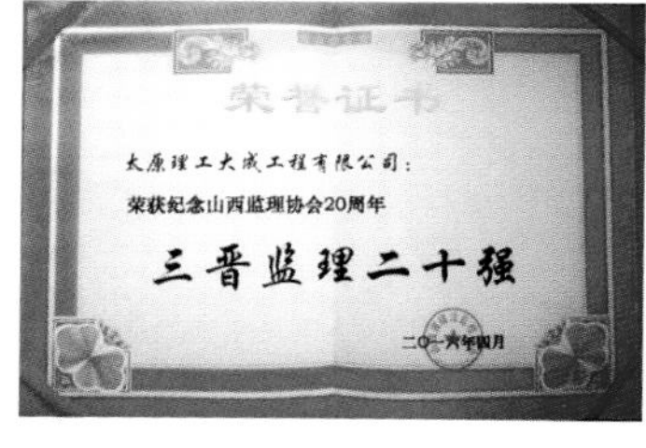
荣誉证书

太原理工大成工程有限公司：

荣获纪念山西监理协会20周年

三晋监理二十强

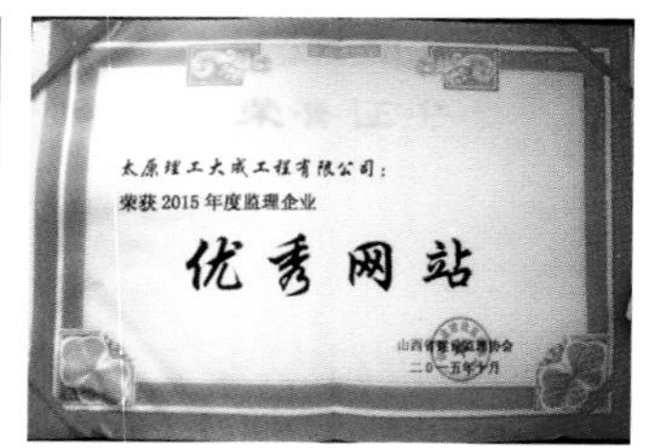
太原理工大成工程有限公司：

荣获2015年度监理企业

优秀网站

荣誉证书

太原理工大成工程有限公司：

荣获2015年度企业优秀内刊（简报）

金页奖

太原理工大成工程有限公司：

荣获2015年度组织撰写监理论文

优秀单位

地　址：山西省太原市万柏林区迎泽西大街79号
邮　编：030024
电　话：0351-6010640　0351-6018737
传　真：0351-6010640-800
网　址：www.tylgdc.com
E-mail：tylgdc@163.com

背景：大同市中医医院（国家优质工程奖）

河南清鸿建设咨询有限公司

河南清鸿
HENAN QINGHON CONSTRUCTION SUPERVISION

河南清鸿建设咨询有限公司于 1999 年 9 月 23 日经河南省工商行政管理局批准注册成立、注册资本 1010 万元人民币。我公司是一家具有独立法人资格的技术密集型企业，致力于为业主提供全过程高智能服务、立志成为全国一流的综合性工程咨询公司。

企业资质：房屋建筑工程监理甲级资质、市政公用工程监理甲级资质

电力工程监理乙级资质、公路工程监理乙级资质

化工石油监理乙级资质

工程招标代理乙级资质、政府采购代理乙级资质

水利部水利施工监理乙级资质

国家人防办工程监理乙级资质

组织结构：

总经理负责制下的直线职能式，包括总工办、行政办公室、人力资源部、财务部、工程管理部、工程督查部、市场经营部、招标代理部。

企业荣誉：

公司连续九年被评为“河南省先进监理单位”，同时为中国《建设监理》杂志理事单位、河南省建设监理协会副秘书长单位，国家级“重质量、守信用 AAA 级”监理单位、河南省建筑业骨干企业二十强。

业绩优势：

2007 年以来，承接的地方民建项目、工业项目、人防项目、市政工程、电力工程、化工石油工程、水利工程等千余项目，多次荣获河南省安全文明工地、河南省“结构中州杯”、“中州杯”等奖项。

企业精神：拼搏 进取 务实 创新

核心价值观：创造价值，用心服务。

品牌承诺：忠诚的顾问，最具价值的服务。

我们的使命：以业主的满意、员工的自我实现和社会的进步为最大的价值在所在。

近期目标：做专、做精工程咨询服务业。

中期目标：打造中国著名的工程项目管理公司。

远期目标：创建国际项目管理型工程咨询公司。

河南企业联合大厦、河南豫发艺术中心

河南省军区机关办公楼

碧桂园（许昌）

洛阳地质博物馆及地质研究中心

濮阳市图书馆新馆

郑州海宁皮革城

郑州市三环线快速化工程快速公交项目

新乡市北环路、西环路工程

汝河水系综合治理工程

中部国际设计中心

江苏誉达工程项目管理有限公司

江苏誉达工程项目管理有限公司（原泰州市建信建设监理有限公司），是泰州市首家成立并取得住建部审定的甲级资质的监理企业，现具有房屋建筑甲级、市政公用甲级、人防工程甲级、文物乙级监理资质，以及造价咨询乙级、招标代理乙级资质。

自1996年成立至今风雨兼程整整二十年，公司从一个十多人小作坊发展成现在拥有各专业工程技术人员252人的中型咨询企业，其中国家注册监理工程师54人，江苏省注册监理工程师37人，结构工程师、一级建造师、设备工程师、安全工程师、造价师、招标师30人次。公司注重人才培养和技术进步，每年有50篇论文发表在国内各期刊杂志上。

公司自成立以来，监理了200多个大、中型工程项目，主要业务类别涉及住宅（公寓）、学校及体育建筑、工业建筑、医疗建筑及设备、市政公用、园林绿化及港口航道工程等多项领域，有二十多项工程获得省级优质工程奖；1999年、2005年、2009年、2011年被评为江苏省建设厅“优秀监理企业”；2008年获江苏省监理协会“建设监理发展二十周年工程监理先进企业”；历年被评为泰州市“先进监理企业”及靖江市“建筑业优秀企业”；十多人次获江苏省优秀总监或优秀监理工程师称号。

公司的管理宗旨为“科学监理，公正守法，质量至上，诚信服务”，自2007年以来连续保持质量管理、环境管理及健康安全体系认证资格。2014-2015年公示为全国重合同守信用企业（AAA级）。

仪征实验学校（省优扬子杯）

南京中豪仙龙湾项目景观绿化工程（省优扬子杯）

靖江体育中心（示范项目）

背景：泰州新区医院

海南龙沐湾海景公寓

国家技术转移郑州中心

河南省交通勘察设计研究院科研中心办公楼工程（2012 ～ 2013 年度鲁班奖）

郑州二七万达广场项目，荣获 2013 ～ 2014 年度广厦奖

河南省人力资源和社会保障综合服务中心

郑州市第一人民医院港区医院

郑州市京沙快速路北三环立交

郑州新郑国际机场二期

中原出版传媒出版产业基地文化商业综合体

周口广播电视多功能发射塔钢结构工程（高 286 米），荣获 2013 ～ 2014 年度中国安装工程优质奖（中国安装之星）。

中船重工海鑫工程管理（北京）有限公司

中船重工海鑫工程管理（北京）有限公司（原名北京海鑫工程监理公司）成立于1994年1月，是中国船舶重工集团公司中船重工建筑工程设计研究院有限公司的全资公司。

中船重工海鑫工程管理（北京）有限公司是中国船舶重工系统最早建立的甲级监理单位之一，是中国建设监理协会理事单位；船舶建设监理分会会长单位；北京市建设监理协会会员。公司拥有房屋建筑工程监理甲级、机电安装工程监理甲级、港口与航道工程监理甲级、市政公用工程监理甲级、人民防空工程监理甲级等监理资质。入围中央国家机关房屋建筑工程监理定点供应商名录；入围北京市房屋建筑抗震节能综合改造工程监理单位合格承包人名册。

公司经过二十年的发展和创新，积累了丰富的工程建设管理经验，发展成为一支专业齐全、技术力量雄厚、管理规范的一流监理公司。

公司专业齐全、技术力量雄厚

公司设立了办公人事部、市场经营部、技术质量安全部、总工办公室、和财务部五个部门，下设湖北分公司、云南分公司、山西分公司及西安分公司四个分公司及五个事业部。目前，现有员工234名，其中教授级高工6人，高级工程师68人，工程师122人，涉及建筑、结构、动力、暖通、电气、经济、市政、水工、设备、测量、无损检测、焊接等各类专业人才；具有国家注册监理工程师、安全工程师、设备监理工程师、造价工程师、建造师等资格的有45人，具有各省、市及地方和船舶行业执业资格的监理工程师75人。能适应于各类工业与民用建筑工程、港口与航道工程、机电安装工程、市政公用工程、人防工程等建设项目的项目管理和监理任务。

公司管理规范

制度完善，机制配套，通过ISO9001:2008质量体系认证、ISO14001:2004环境管理体系认证、OHSAS18001:2007职业健康安全管理体系。公司推行工序确认制度和“方针目标管理考核”制度，形成了一套既符合国家规范又具有自身特色的管理模式。中船重工海鑫工程管理（北京）有限公司以中船重工建筑设计研究院有限公司为依托，设有技术专家委员会，专门研究、解决论证公司所属项目重大技术方案课题，协助实施技术攻关，为项目提供技术支持，保证项目运行质量。同时，公司在工程监理过程中，积极探索科学项目管理新模式。成立BIM专题组，对项目进行模拟仿真实时可视化虚拟施工演示，在加强有效管控的同时，降低成本、减少返工、调节冲突，并为决策者制订工程造价、进度款管理等方面提供依据。

公司监理业绩显著

本公司成立以来，获得中国建设监理协会2010和2012年度先进工程监理企业荣誉称号；2015年荣获2013~2014年度北京市建设行业诚信监理企业荣誉称号；获得北京建设监理协会2010~2011年度先进工程监理企业荣誉称号；并多次获得中国建设监理协会船舶监理分会先进工程监理企业单位。承接的大型工业与民用建设工程的工程监理项目中，公司积累了非常丰富的监理经验，其中60余项工程获得北京市及地方政府颁发的各类奖励：获北京市长城杯优质工程奖的有22项，其他直辖市及省地方优质工程奖的有19项，2014年~2015年度荣获建设工程鲁班奖。

公司恪守“以人为本，用户至上，以诚取信，服务为荣”的经营理念，坚持“依法监理，诚信服务，业主满意，持续改进”的质量方针，遵循“公正、独立、诚信、科学”的监理准则，在监理过程中严格依据监理合同及业主授权，为客户提供有价值的服务，创造有价值的产品。

公司依靠与时俱进的经营管理、制度创新、人才优势和先进的企业文化，为各界朋友提供一流的服务。凭借健全的管理体制、良好的企业形象以及过硬的服务质量，有力提高公司的软实力和竞争力。

今后公司将一如既往，以“安全第一，质量为本”优质服务，注重环保的原则；努力维护业主和其他各方的合法权益，主动配合工程各方创建优良工程，积极为国家建设、船舶工程事业及各省市地方建设作贡献。

地　址：北京市朝阳区双桥中路北院1号
电　话：010-85394832　　010-85394399
传　真：010-85394832　　邮　编：100121
邮　箱：haixin100121@163.com

2MW变速恒频风力发电机组产业化建设项目工程（45979.04m²）

北京市LNG应急储备工程

北京炼焦化学厂能源研发科技中心工程（148052m²）

北京太平洋城A6号楼工程（104414.93m²）

北京市LNG应急储备工程

天津临港造修船基地造船坞施工全景图

北京市通州区台湖镇（约52.56万m²），工程造价20亿元

总经理 法定代表人　曹志勇

T3 航站楼

兵团机关综合楼工程获 2007 年度“鲁班奖”

特变电工股份有限公司总部商务基地科技研发中心 – 鲁班奖

乌鲁木齐绿地中心 A 座、B 座及地下车库工程

新疆大剧院

新疆国际会展中心

新疆人民会堂

中石油生产指挥中心 – 鲁班奖

背景：新疆国际会展中心

新疆昆仑工程监理有限责任公司

新疆昆仑工程监理有限责任公司是一家全资国有企业，隶属于新疆生产建设兵团，主营工程监理、项目管理及技术咨询服务。公司成立于 1988 年，历经 26 年的奋斗，两次荣登监理企业百强排行榜。现拥有住房与城乡建设部颁发的工程监理行业最高资质——监理综合资质（包括房屋建筑工程、冶炼工程、矿山工程、化工石油工程、水利水电工程、电力工程、农林工程、铁路工程、公路工程、港口与航道工程、航天航空工程、通信工程、市政公用工程、机电安装工程 14 个甲级）；公路工程甲级监理资质；水利工程施工监理甲级、水土保持监理乙级、水利工程建设环境保护监理资质；信息系统工程乙级监理资质；文物保护资质；国家商务部援外成套项目施工监理准入资格；对外承包工程资格。是新疆工程监理行业资质范围齐全，资质等级最高的企业。

公司现有职工 1458 人，其中：大专以上学历占 90%，高、中级职称占 62%，各类国家注册监理工程师 263 人 386 人次。专业领域涉及工民建、市政、冶炼、电力、水利、环保、水土保持、路桥、信息系统、造价、安全、电气、暖通、机械、试验检验、测量、锅炉、汽机、发配电、焊接、热力仪表、化工、文物、园艺、地质、设备、隧道等，形成了一支专业配备齐全、年龄结构科学合理的高智能、高素质的工程技术人才队伍。

新疆昆仑工程监理有限责任公司技术力量雄厚，并以严格管理、热情服务赢得了顾客的认可和尊重，在业内拥有极佳的口碑。公司监理的项目中，6 项工程荣获中国建筑行业工程质量最高荣誉——鲁班奖；70 余项工程荣获省级优质工程——天山奖、昆仑杯、市政优质工程奖。连续 6 年在乌鲁木齐监理企业工程管理综合排序中位居第一名；6 次荣获“全国先进建设监理单位”称号；荣获“共创鲁班奖先进监理企业”、“20 年创新发展全国优秀先进监理企业”、“中国建筑业工程监理综合实力领军品牌 100 强”、“全国文明单位”、“兵团屯垦戍边劳动奖”等多项荣誉称号。

一直以来，昆仑人本着“自强自立、至真至诚、团结奉献、务实创新”的精神实质，向业主提供优质的监理服务，昆仑企业正朝着造就具有深刻内涵的品牌化、规模化、多元化、国际化的大型监理企业方向发展。

地　址：新疆乌鲁木齐市水磨沟区五星北路 259 号
电　话：0991-4637995　　4635147
传　真：0991-4642465
网　址：www.xjkljl.com

重庆林鸥监理咨询有限公司

重庆林鸥监理咨询有限公司成立于1996年，是由重庆大学资产经营有限责任公司和重庆大学科技企业（集团）有限责任公司共同出资的国家甲级监理企业，主要从事各类工程建设项目的全过程咨询和监理业务，目前具有住房和城乡建设部颁发的房屋建筑工程监理甲级资质、市政公用工程监理甲级资质、机电安装工程监理甲级资质、水利水电工程监理乙级资质、通信工程监理乙级资质，以及水利部颁发的水利工程施工监理丙级资质。

公司结构健全，建立了股东会、董事会和监事会，此外还设有专家委员会，管理制度规范，部门运作良好。公司检测设备齐全，技术力量雄厚，现有员工800余人，拥有一支理论基础扎实、实践经验丰富、综合素质高的专业监理队伍，包括全国注册监理工程师、注册造价工程师、注册结构工程师、注册安全工程师、注册设备工程师及一级建造师等具有国家执业资格的专业技术人员125人，重庆市总监理工程师、监理工程师、监理员和见证取样员332人，其中高级专业技术职称人员90余人，中级职称350余人。

公司通过了中国质量认证中心ISO9001：2008质量管理体系认证、GB/T28001-2011职业健康安全管理体系认证和ISO14001：2004环境管理体系认证，率先成为重庆市监理行业“三位一体”贯标公司。公司监理的项目荣获“中国土木工程詹天佑大奖”1项，“中国建设工程鲁班奖”6项，“全国建筑工程装饰奖”2项，“中国房地产广厦奖”1项，“中国安装工程优质奖（中国安装之星）”1项及“重庆市巴渝杯优质工程奖”“重庆市市政金杯奖”“重庆市山城杯优质安装工程奖”“重庆市三峡杯优质结构工程奖”“四川省建设工程天府杯金奖、银奖”贵州省“黄果树杯”优质施工工程等省市级奖项120余项。公司连续多年被评为“重庆市先进工程监理企业”“重庆市质量效益型企业”“重庆市守合同重信用单位”。

公司依托重庆大学的人才、科研、技术等强大的资源优势，已经成为重庆市建设监理行业中人才资源丰富、专业领域广泛、综合实力最强的监理企业之一，是重庆市建设监理协会常务理事、副秘书长单位和中国建设监理协会会员单位。

质量是林鸥监理的立足之本，信誉是林鸥监理的生存之道。在监理工作中，公司力求精益求精，实现经济效益和社会效益的双丰收。

地　址：重庆市沙坪坝区重庆大学B区科苑酒店8楼
电　话：023-65126150
传　真：023-65126150
网　址：www.cqlinou.com

重庆市人民大礼堂
2002年度全国建筑工程装饰奖

重庆市经开区“江南水岸”公租房
总面积：133万 m^2

四川烟草工业有限责任公司西昌分厂整体技改项目
2012~2013年度中国建设工程鲁班奖

重庆建工产业大厦
2010~2011年度中国建设工程鲁班奖

重宾保利国际广场
2015-2016年度中国安装工程优质奖（中国安装之星）

重庆朝天门国际商贸城
总建筑面积：548万 m^2

重庆大学主教学楼
2008年度中国建设工程鲁班奖
第七届中国土木工程詹天佑奖

重庆大学虎溪校区图文信息中心
2010~2011年度中国建设工程鲁班奖

重庆大学虎溪校区理科大楼
2014～2015年度　中国建设工程鲁班奖